6年生

人のからだのつくり

心臓(しんぞう)の動きと血液の流れ

心臓は４つの部屋に分かれていて，心臓の筋肉(きんにく)が縮(ちぢ)んだりゆるんだりして血液を全身に送っている。

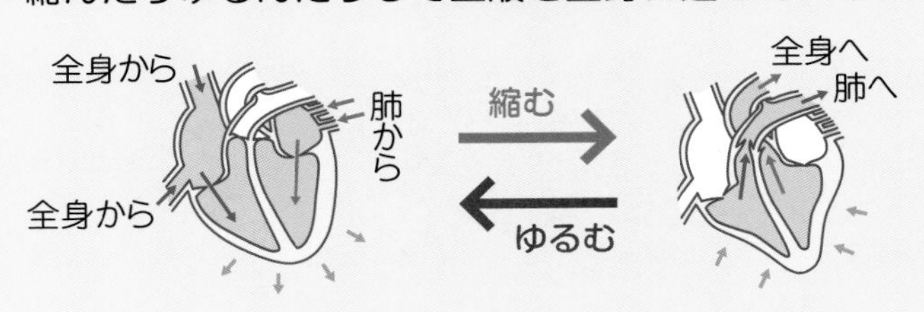

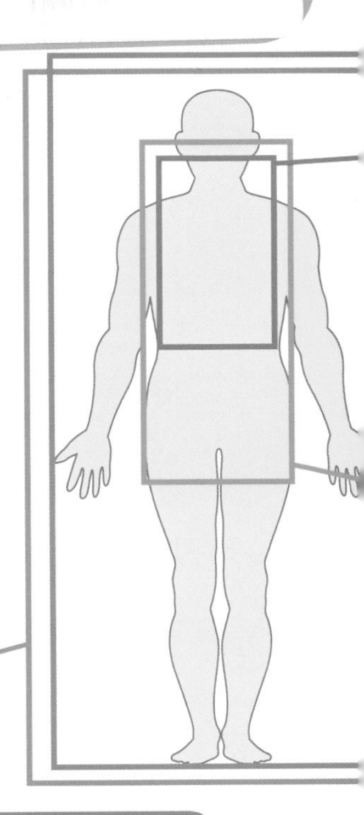

血液のじゅんかん

血液は，肺(はい)でとり入れた酸素・小腸(しょうちょう)で吸収(きゅうしゅう)した養分や水分を全身に運んでいる。

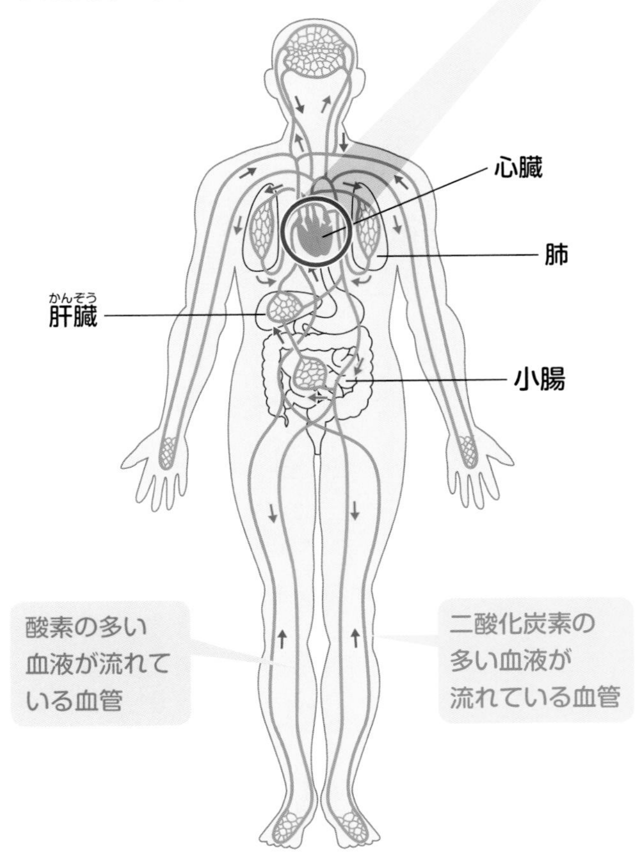

骨格と筋肉

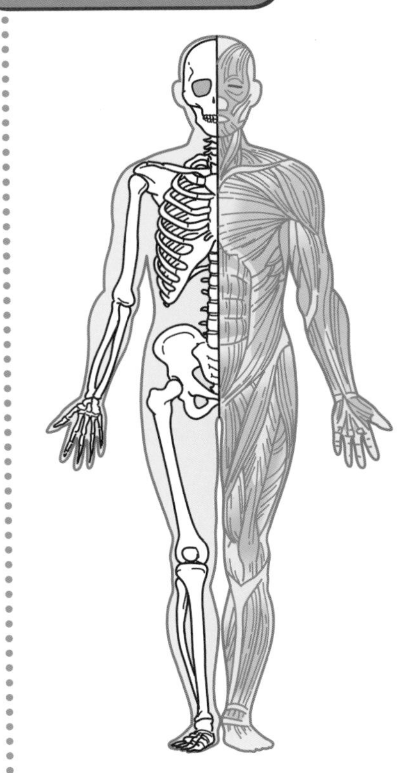

呼吸

肺は，小さなふくろ（肺胞）が集まってできていて，ここで二酸化炭素と酸素の交かんがおこなわれる。

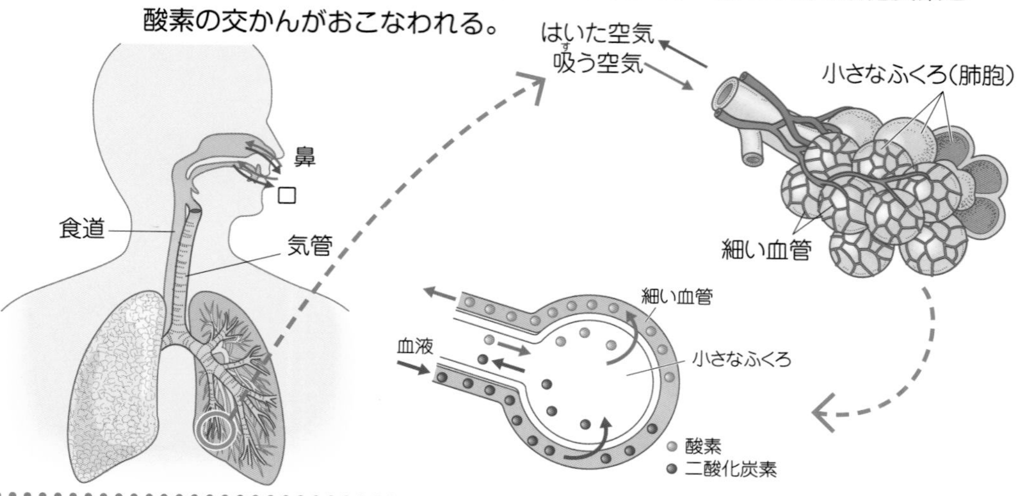

消化と吸収

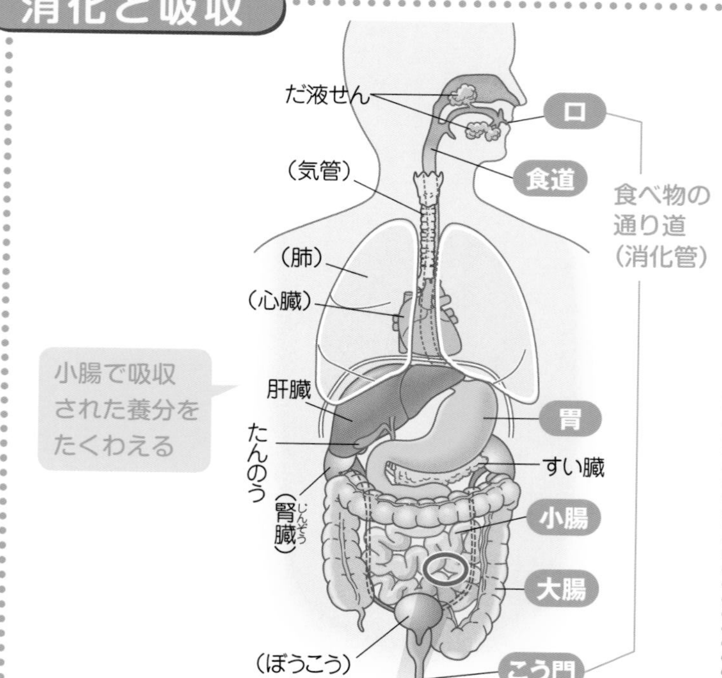

うでをのばしているとき

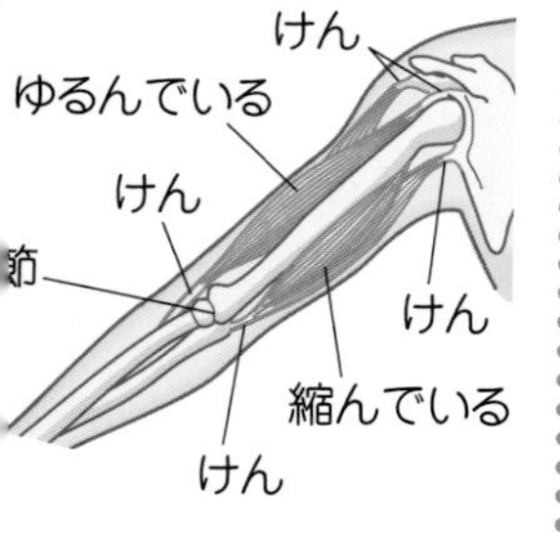

うでを曲げているとき

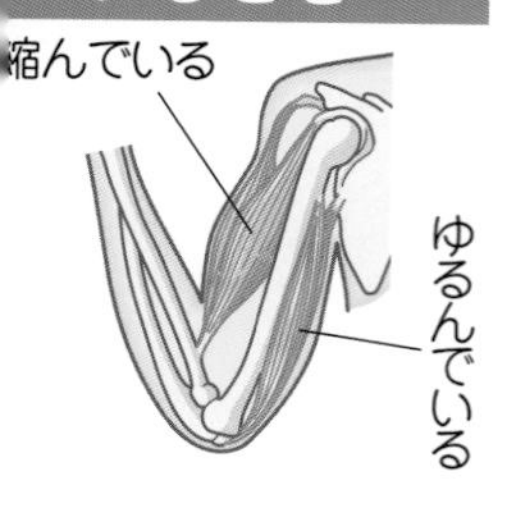

小腸のつくり

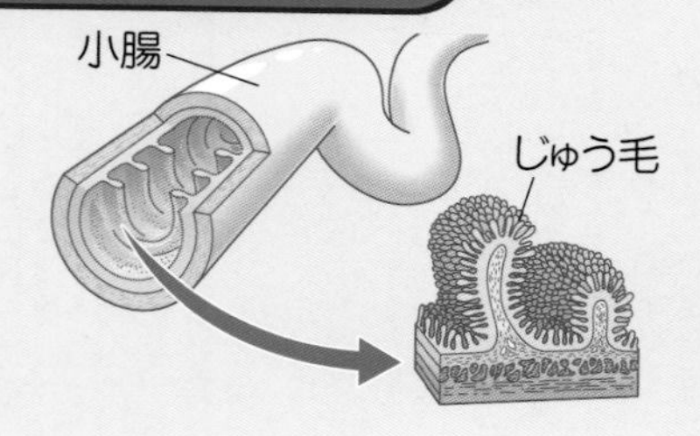

小腸の内側にはたくさんのひだの表面にじゅう毛があり，水分や養分が吸収されやすくなっている。

学ぶ人は、
変えて
ゆく人だ。

目の前にある問題はもちろん、

人生の問いや、社会の課題を自ら見つけ、

挑み続けるために、人は学ぶ。

「学び」で、少しずつ世界は変えてゆける。

いつでも、どこでも、誰でも、

学ぶことができる世の中へ。

旺文社

このドリルの特長と使い方

このドリルは,「苦手をつくらない」ことを目的としたドリルです。単元ごとに「大事なことがらを理解するページ」と「問題を解くことをくりかえし練習するページ」をもうけて，段階的に問題の解き方を学ぶことができます。

① 理解

大事なことがらを理解するページで，穴埋め形式で学習するようになっています。

覚えよう! 必ず覚える必要のあることがらや性質です。

考えよう 実験や現象などの説明です。

ことばのかくにん 大事な用語を載せています。

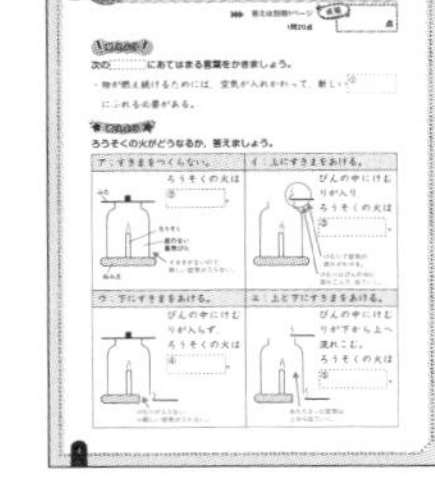

② 練習

「理解」で学習したことを身につけるために，問題を解くことでくりかえし練習するページです。「理解」で学習したことを思い出しながら問題を解いていきましょう。
少し難しい問題には チャレンジ がついています。

③ **まとめ** 単元の内容をとおして学べるまとめのページです。

もくじ

編集協力／下村良枝　校正／田中麻衣子・山崎真理　装丁デザイン／株式会社しろいろ
装丁イラスト／おおの麻理　本文・ポスターデザイン／ハイ制作室 大滝奈緒子　本文イラスト／西村博子・長谷川 盟・オフィスぴゅーま

6年生 達成表 理科名人への道！

ドリルが終わったら，番号のところに日付と点数をかいて，グラフをかこう。
80点を超えたら合格だ！

	日付	点数	50点 合格ライン 80点 100点	合格チェック
例	4/2	90		○
1				
2				
3				
4				
5				
6				
7				
8				
9				
10		全問正解で合格！		
11				
12				
13				
14				
15				
16				
17				
18				
19				
20				
21				
22				
23		全問正解で合格！		

	日付	点数	50点 合格ライン 80点 100点	合格チェック
24				
25				
26				
27				
28				
29				
30				
31		全問正解で合格！		
32				
33				
34				
35				
36				
37				
38		全問正解で合格！		
39				
40				
41				
42				
43				
44				
45				
46				
47				

この表がうまったら，合格の数をかぞえて右にかこう。

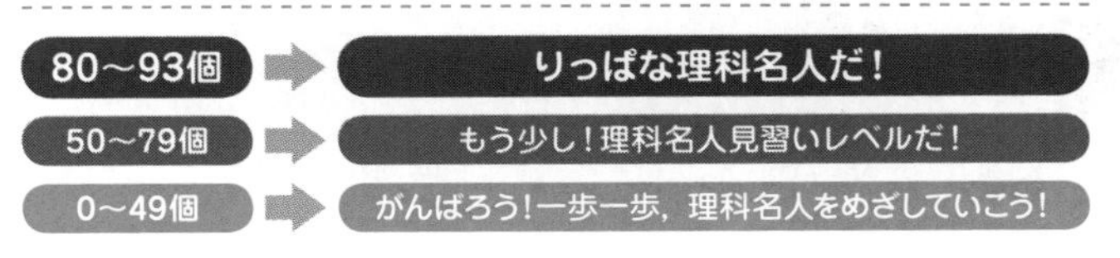

	日付	点数	50点 合格ライン80点 100点	合格チェック
48		全問正解で合格！		
49				
50				
51				
52				
53				
54				
55				
56		全問正解で合格！		
57				
58				
59				
60				
61				
62				
63				
64				
65				
66				
67				
68				
69		全問正解で合格！		
70				
71				

	日付	点数	50点 合格ライン80点 100点	合格チェック
72				
73				
74				
75				
76				
77				
78				
79				
80				
81		全問正解で合格！		
82				
83				
84				
85				
86				
87				
88				
89				
90				
91				
92				
93				

物が燃えるとき

▶▶▶ 答えは別冊1ページ　1問20点

点数　　点

覚えよう

次の□にあてはまる言葉をかきましょう。

・物が燃え続けるためには，空気が入れかわって，新しい①□にふれる必要がある。

考えよう

ろうそくの火がどうなるか，答えましょう。

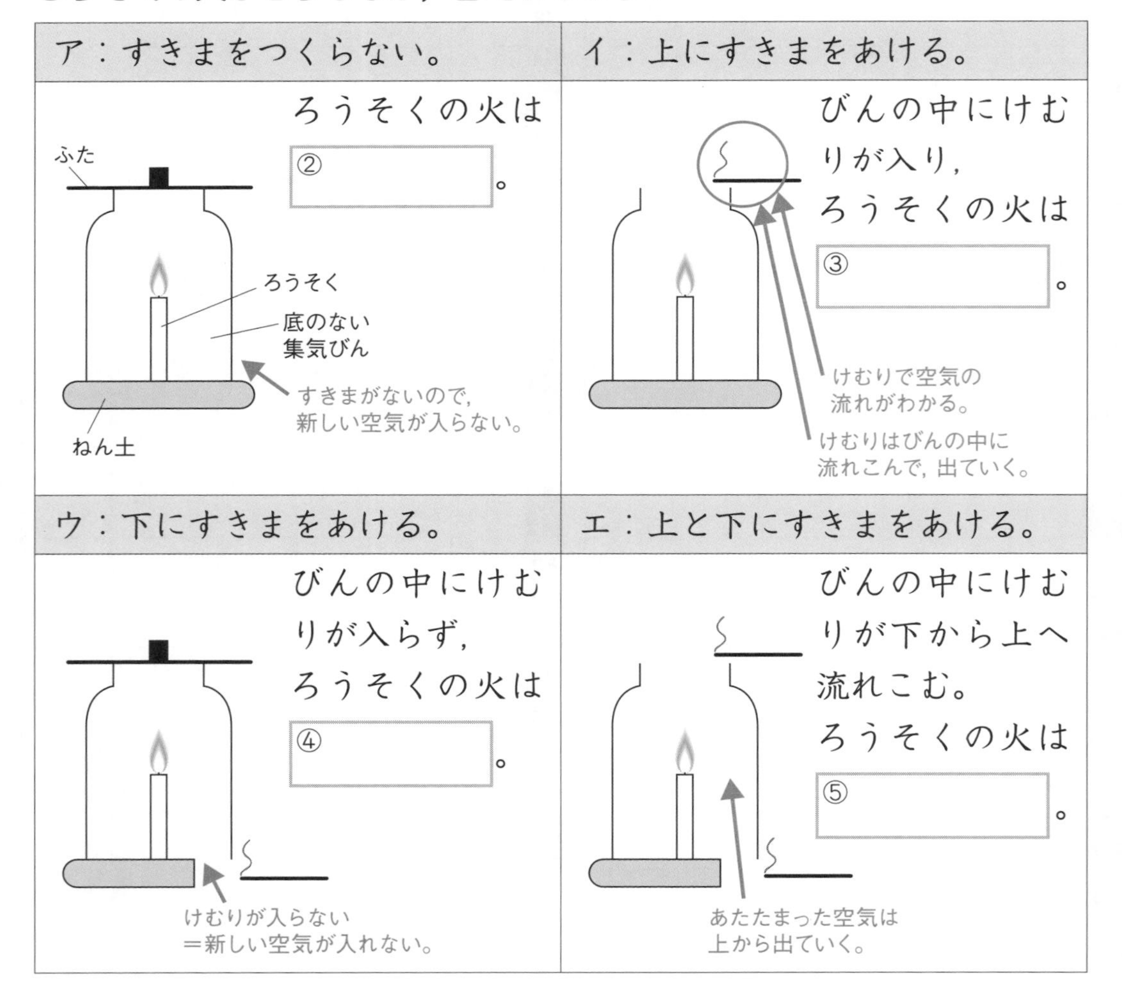

物の燃え方

物が燃えるとき

▶▶▶ 答えは別冊1ページ

1問25点

1 **下の図は，ろうそくの燃え方を調べたものです。これについて，次の問題に答えましょう。**

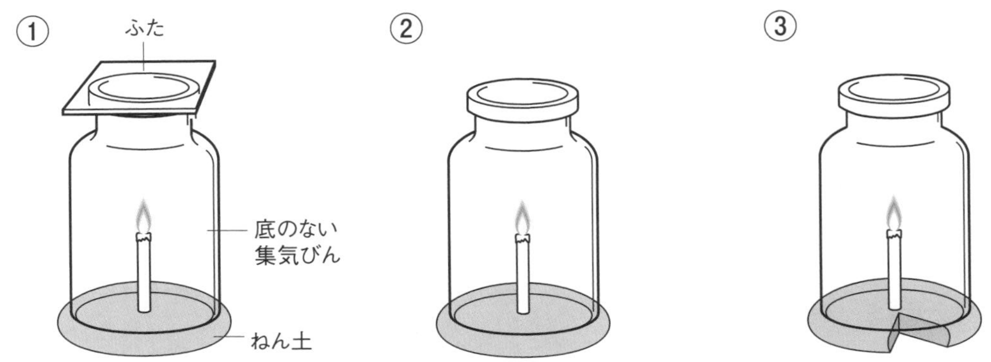

(1) ①，②，③のうち，ろうそくの火がいちばんはじめに消えたのはどれですか。 (　　　　)

(2) (1)で答えた理由を説明しましょう。
(　　　　　　　　　　　　　　　　)

(3) ③に，火のついた線こうを近づけたときの，線こうのけむりの流れとして正しいものを，次の**ア**～**エ**から選びましょう。
(　　　　)

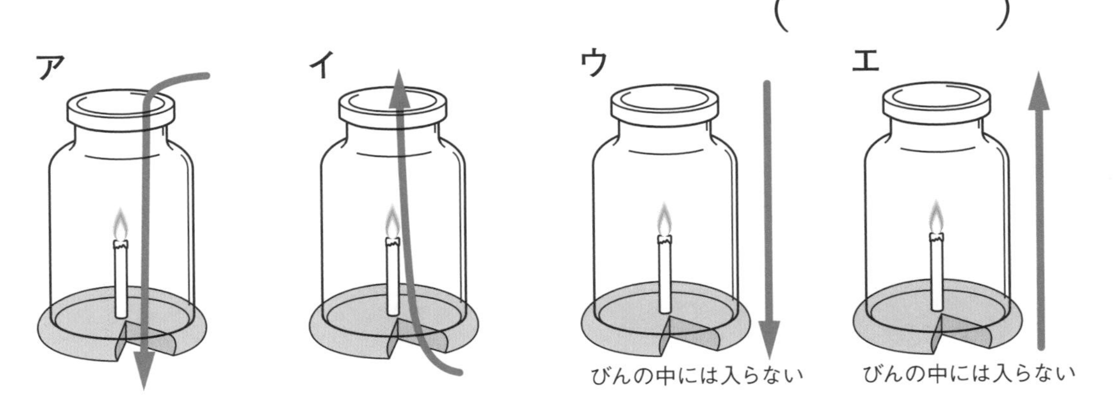

(4) (3)の線こうのけむりから，何の動きがわかりますか。
(　　　　　　　　)

物の燃え方

物を燃やす気体

▶▶▶ 答えは別冊1ページ

点数　　点

1問10点

覚えよう

次の［　　］にあてはまる言葉をかきましょう。

＜空気中の気体＞（体積の割合（わりあい））

①	②	二酸化炭素など 約1%
約78%	約21%	

＜酸素のつくり方＞

・酸素は，③［　　　］にうすい④［　　　］を加えて発生させる。

③ 黒色のつぶ。

④ とう明の液体。うすい物はオキシドールともよばれる。

考えよう

物を燃やす気体について調べる実験をしました。＜結果＞と＜まとめ＞を完成させましょう。

＜実験＞　3つの集気びんにそれぞれ，ちっ素，酸素，二酸化炭素を集め，火のついたろうそくを入れた。

水

＜結果＞　ろうそくの火のようす

ちっ素	⑤［　　　］。
酸素	⑥［　　　］。
二酸化炭素	⑦［　　　］。

＜まとめ＞

・⑧［　　　］には，物を燃やすはたらきがある。

・⑨［　　　］と⑩［　　　］には，物を燃やすはたらきがない。

物の燃え方

物を燃やす気体

▶▶▶ 答えは別冊1ページ

1（1）1問10点　（2）20点　**2**（1）1問20点　（2）20点

1 **右のような装置（そうち）で酸素を発生させ，集気びんに集めました。これについて，次の問題に答えましょう。**

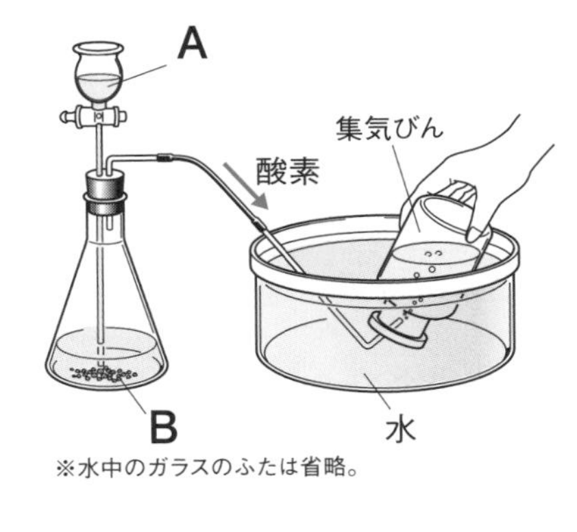

※水中のガラスのふたは省略。

（1）A，Bにあてはまる薬品の名前をかきましょう。

A（　　　　　　　　　　）

B（　　　　　　　　　　）

（2）気体を集める前に，集気びんを何で満たしておく必要がありますか。（　　　　　　）

2 **物を燃やすはたらきのある気体について，次の問題に答えましょう。**

（1）次の文中の①，②にあてはまる言葉を**ア**～**ウ**からそれぞれ選びましょう。　①（　　　　）　②（　　　　）

空気中の気体のうち，物を燃やすはたらきがあるのは ①{**ア**　二酸化炭素　**イ**　ちっ素　**ウ**　酸素} である。この気体は，空気全体の ②{**ア**　約78％　**イ**　約53％　**ウ**　約21％} をしめている。

（2）物を燃やすはたらきのある気体だけを集気びんに集め，火のついたろうそくを入れると，ろうそくの火はどうなりますか。次の**ア**～**ウ**から選びましょう。（　　　　）

ア　すぐに消えてしまう。

イ　空気中より激（はげ）しく燃える。

ウ　空気中と同じように燃える。

物の燃え方
物が燃えた後

▶▶▶ 答えは別冊1ページ

①～③：1問10点　④～⑧：1問14点

覚えよう

次の□にあてはまる言葉をかきましょう。

・石灰水（せっかいすい）…とう明な液体だが，① を通すと，② 。

（①：空気中に約0.04％ふくまれる気体。）

・気体検知管…空気中にふくまれる ③ や二酸化炭素の体積の割合（わりあい）を調べるときに用いる。

考えよう

下の図は，集気びんの中にろうそくを入れて燃やしたときの，空気中の気体の変化を表したものです。□にあてはまる言葉をかきましょう。

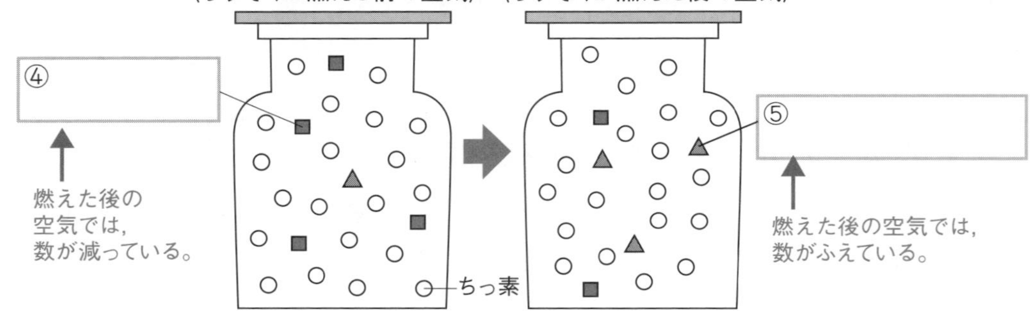

・物が燃えるときは，空気中の ⑥ の一部が使われる。

（⑥：すべてが使われるわけではない。）

・物が燃えると，⑦ ができる。

・⑧ の体積の割合は，物が燃える前と後で変化しない。

（⑧：この気体は，物が燃えるときに使われることも，物が燃えた後にできることもない。）

物の燃え方

物が燃えた後

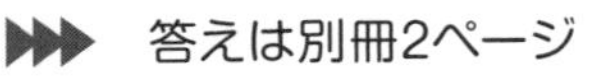
答えは別冊2ページ

点数　　点

1 :1問20点　2 (1)1問10点　(2)20点

1 集気びんにろうそくを入れ，燃える前と燃えた後の空気を調べました。次の問題に答えましょう。

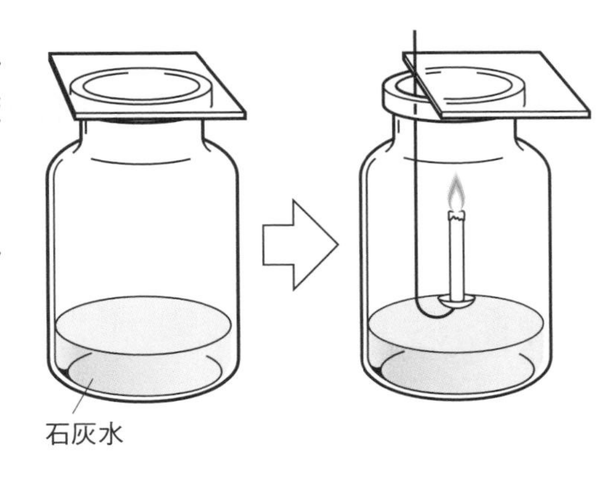

(1) ろうそくを燃やす前の集気びんに石灰水(せっかいすい)を入れてよくふると，石灰水はどうなりますか。

(　　　　　　　　　　)

(2) ろうそくの火が消えた後，ろうそくをとり出して集気びんをよくふると，石灰水はどうなりますか。(　　　　　　　　　　)

(3) この実験から，ろうそくが燃えると，何という気体ができることがわかりますか。(　　　　　　　　　　)

2 右のような装置(そうち)でろうそくを燃やし，燃やす前と燃やした後の空気中の気体の体積の割合(わりあい)を調べました。表はその結果です。次の問題に答えましょう。

	A	B
ろうそくを燃やす前の空気	21%	0.04%
ろうそくを燃やした後の空気	17%	3%

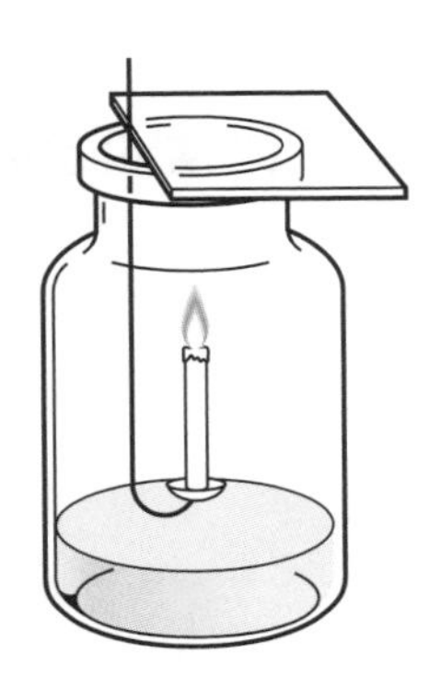

(1) 表のA，Bにあてはまる気体は何ですか。

A(　　　　　　　　　)　B(　　　　　　　　　)

(2) この実験から，物が燃えるときに必要な気体はAとBのどちらといえますか。(　　　　　)

物の燃え方

気体検知管の使い方

理解

答えは別冊2ページ

①～④：1問10点　⑤～⑦：1問20点

覚えよう

次の［　　］にあてはまる言葉をかきましょう。

・気体検知管…空気中にふくまれる［①　　］や二酸化炭素の体積の割合（わりあい）を調べるときに用いる。

<器具の名前>

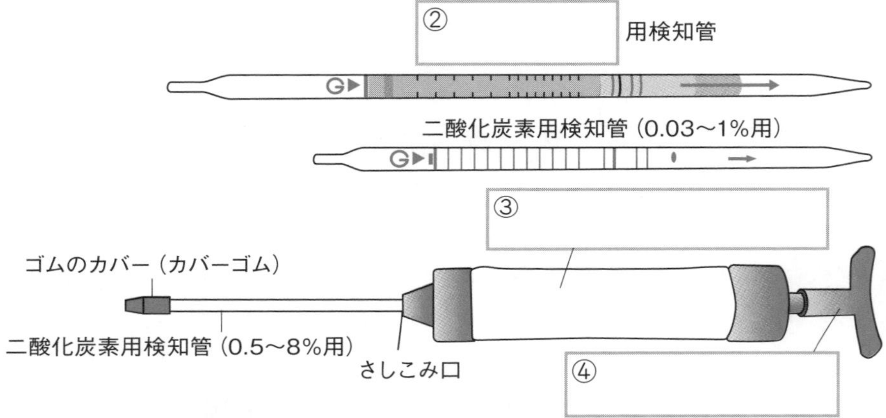

<気体検知管の使い方>

1　気体検知管の両はしを［⑤　　］で折り，ゴムのカバー（カバーゴム）をつける。← けがをしないようにするため。

2　［⑥　　］に，気体検知管を矢印の向きにとりつける。

3　気体採取器の［⑦　　］をすばやく引いて，気体をとりこむ。← ゆっくりとりこむと，正しくはかれない。

4　決められた時間待って，目盛り（めもり）を読む。

色のこさが変わっているときは，中間のこさのところを読む。

ななめに色のこさが変わっているときは，中間のところを読む。

12 14 16 17 18 19 20 21 22 23 24

12 14 16 17 18 19 20 21 22 23 24

物の燃え方
気体検知管の使い方

▶▶▶ 答えは別冊2ページ

(1)～(4)1問20点　(5)1問10点

1 気体検知管の使い方について，次の問題に答えましょう。

(1) 次のア～エを，気体検知管を使うときの順に並(なら)べましょう。

(　　　→　　　→　　　→　　　)

ア　気体採取器のハンドルを引いて，気体をとりこむ。

イ　決められた時間を待って，目盛(めも)りを読む。

ウ　気体検知管の両はしをチップホルダーで折り，ゴムのカバー（カバーゴム）をつける。

エ　気体採取器に，気体検知管を矢印の向きにとりつける。

(2) 気体検知管の両はしを折った後，ゴムのカバーをつけるのは何のためですか。簡単(かんたん)にかきましょう。

(　　　　　　　　　　　　　　　　　　)

(3) 気体採取器のハンドルは，ゆっくり引きますか。すばやく引きますか。　(　　　　　　　　)

(4) 使ったときに熱くなるので注意が必要なのは，酸素用検知管，二酸化炭素用検知管のどちらですか。

(　　　　　　　　)

(5) 右の①，②の目盛りをそれぞれ読んで，単位をつけて答えましょう。

①(　　　　　　　)

②(　　　　　　　)

①
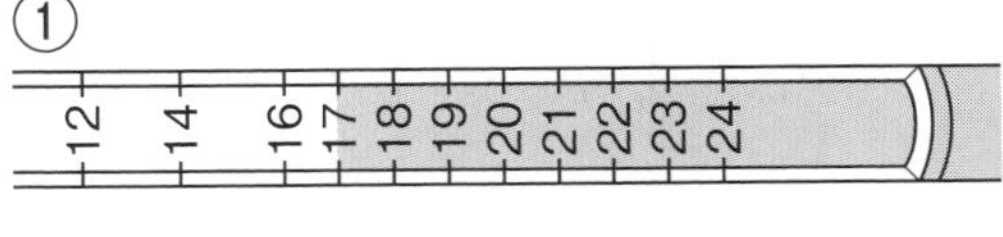

②
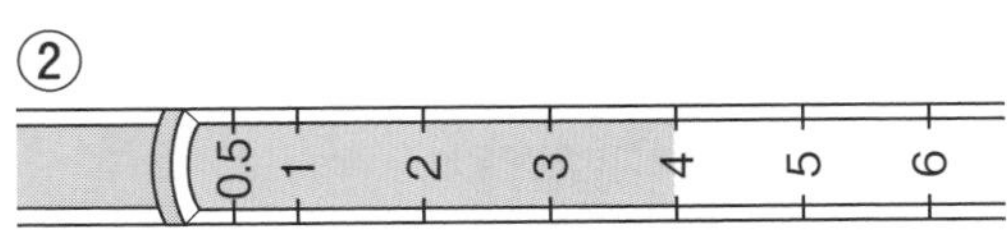

物の燃え方のまとめ

▶▶▶ 答えは別冊2ページ

1(1)1問20点 (2)20点 **2**(1)20点 (2)(3)1問10点

点数 点

1 **4本の集気びん①～④に，ちっ素，酸素，二酸化炭素，空気のどれかを集め，火のついたろうそくを入れました。次の問題に答えましょう。**

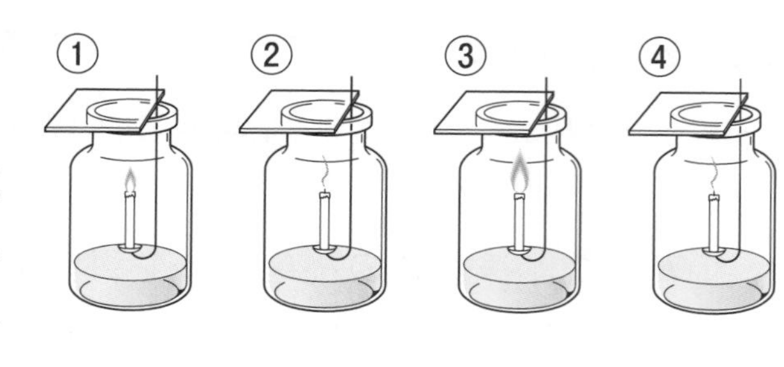

(1) ①と③の集気びんに入っている気体は何ですか。

①（　　　　　　）③（　　　　　　）

(2) この実験だけでは，②と④に入っている気体が何かはわかりません。入っている気体を調べるにはどんな操作（そうさ）を行えばよいですか。

（　　　　　　　　　　　　　　）

2 **缶（かん）の中に割（わ）りばしを入れて燃やしたときのようすについて，次の問題に答えましょう。**

(1) 割りばしを燃やしたときの空気の流れを，矢印で右の図にかきましょう。

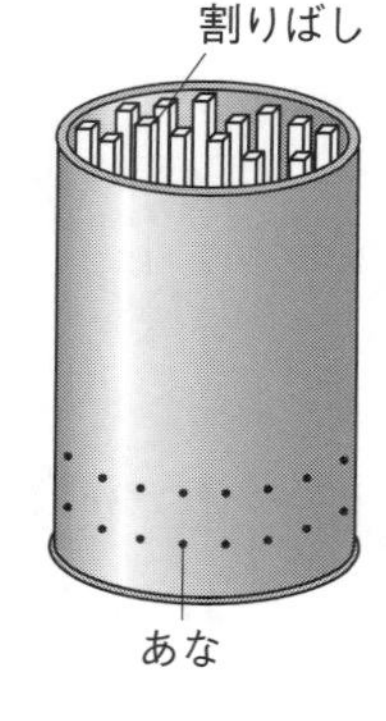

(2) 缶の中に入れる割りばしの数をふやして，すきまができないようにすると，割りばしの燃え方はどうなりますか。次の**ア**～**ウ**から選びましょう。

（　　　）

ア 燃えやすくなる。 **イ** 燃えにくくなる。 **ウ** 変わらない。

(3) 割りばしが燃えた後にできる物は何ですか。次の**ア**～**ウ**から２つ選びましょう。 （　　　，　　　）

ア 酸素 **イ** 二酸化炭素 **ウ** 灰（はい）

勉強した日　月　日

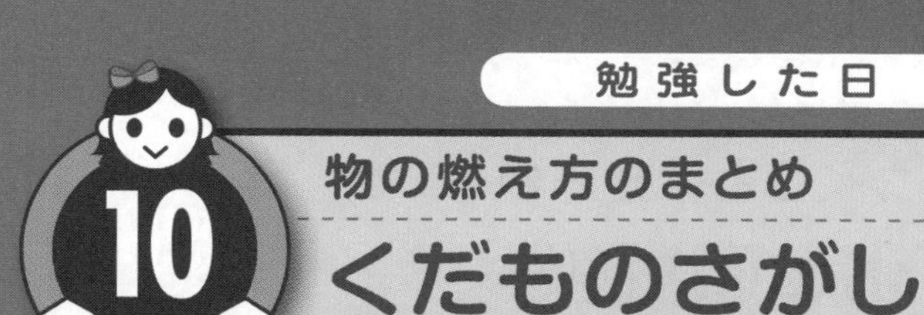

10 物の燃え方のまとめ
くだものさがし

答えは別冊3ページ

問題の答えの方に進みましょう。
ゴールはどのくだものかな？

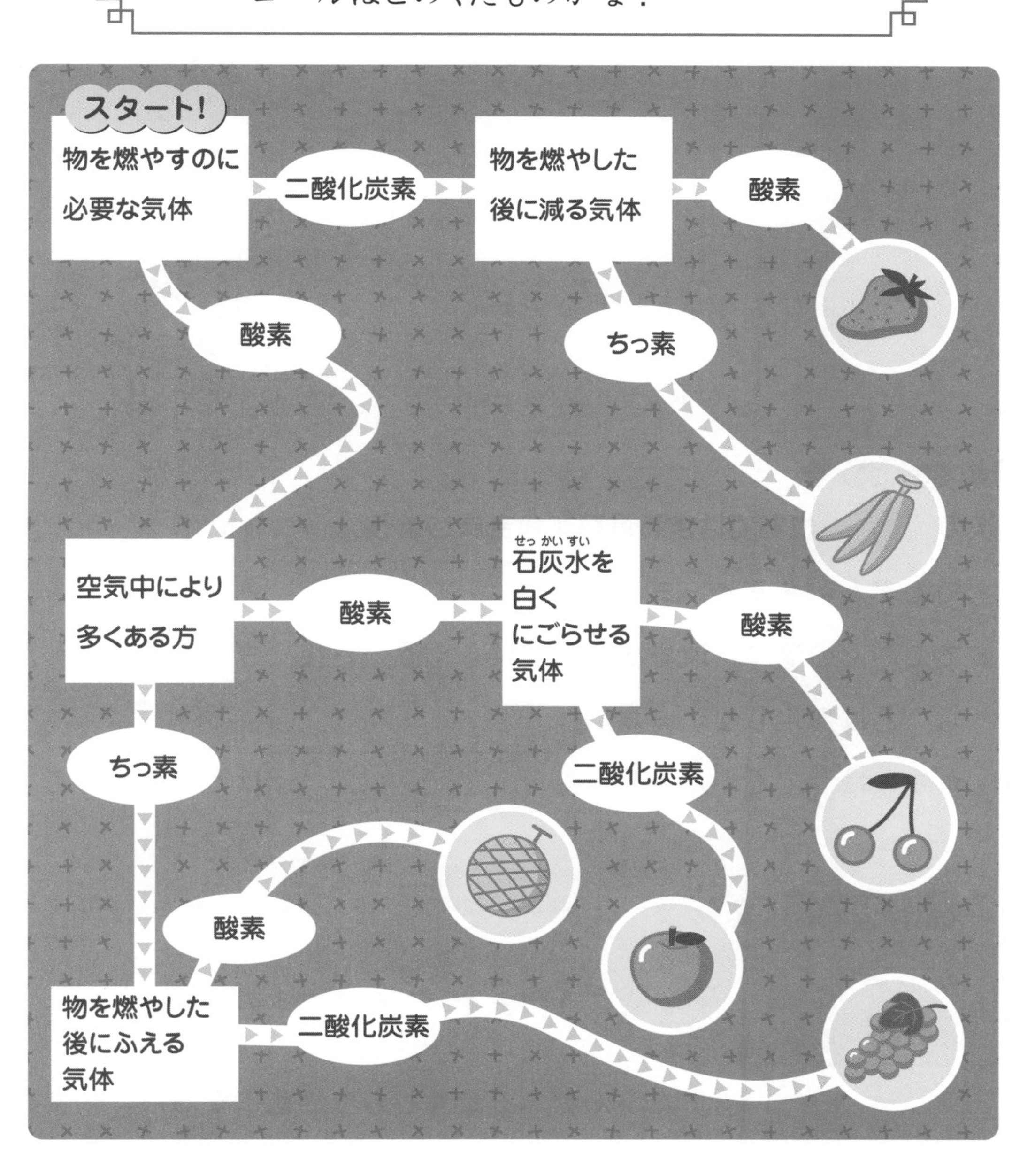

動物のからだのつくりとはたらき
食べ物の消化と吸収①

▶▶▶ 答えは別冊3ページ

①〜⑥：1問15点　⑦⑧：1問5点

点

覚えよう

下の図は，ヒトのからだのつくりを模式的に表したものです。

［　　］にあてはまる名前をかきましょう。

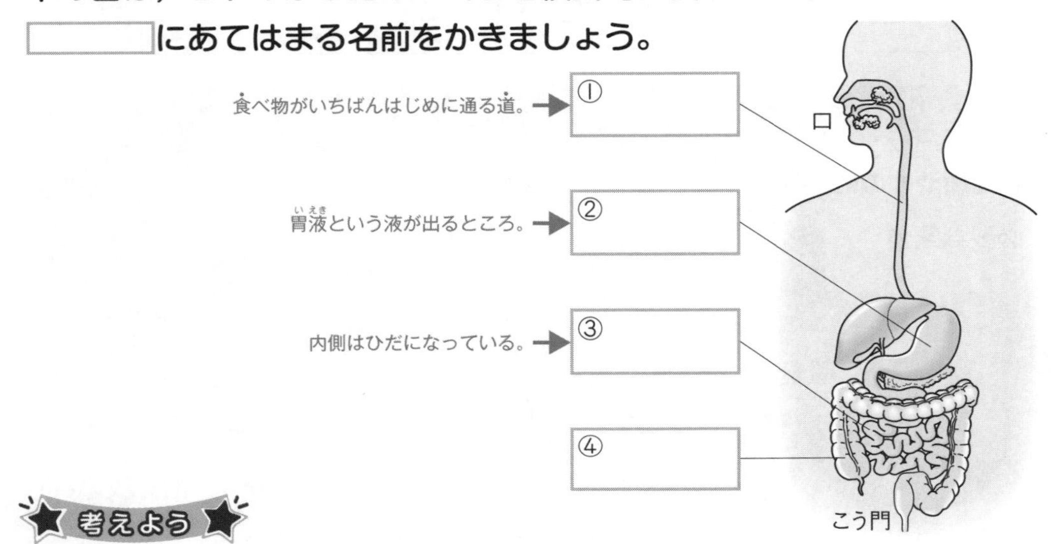

考えよう

次の［　　］にあてはまる言葉をかきましょう。

・でんぷんがあると，ヨウ素液は［⑤　　］色に変化する。

・でんぷんの液にだ液を加えてしばらく置いた後，ヨウ素液で調べたら，色は変化しなかった。

・だ液には，でんぷんを［⑥　　］はたらきがある。

ことばのかくにん

・［⑦　　］：口からこう門までつながる１本の長い管。

・［⑧　　］：でんぷんがあると青むらさき色になる液。

動物のからだのつくりとはたらき
食べ物の消化と吸収①

▶▶▶ 答えは別冊3ページ

点数　　点

1 (1)1問10点　(2)20点　**2** (1)1問10点　(2)(3)1問20点

1 **食べ物は，ヒトのからだの中を次の順に通っていきます。あとの問題に答えましょう。**

口→(　　①　　)→(　　②　　)→小腸(しょうちょう)→大腸(だいちょう)→こう門

(1) ①は，口と②をつなぐ食べ物の通り道，②は①の次に食べ物が通るところです。①，②にあてはまる名前をかきましょう。

①(　　　　　　　)　②(　　　　　　　)

(2) 口からこう門までの１本の長い管を何といいますか。

(　　　　　　　)

2 **右の図のように，試験管①にはうすいでんぷんの液とだ液を，試験管②にはうすいでんぷんの液と水を入れました。次の問題に答えましょう。**

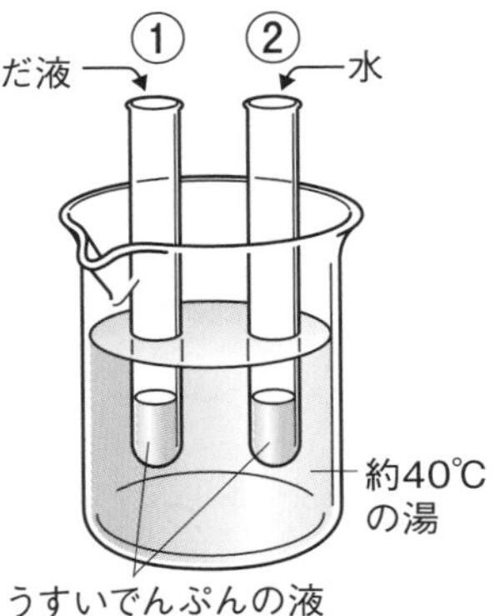

(1) 試験管①，②にある液を入れると，片方(かたほう)の試験管だけ青むらさき色に変化しました。青むらさき色に変化したのはどちらの試験管ですか。また，ある液とは何ですか。

試験管(　　　　　　)　ある液(　　　　　　)

(2) (1)で，片方の試験管の色が変化しなかったことから，その試験管の中に何がなくなったことがわかりますか。(　　　　　　)

◆チャレンジ◆

(3) この実験からわかることを簡単(かんたん)にかきましょう。

(　　　　　　　　　　　　　　　　　　)

動物のからだのつくりとはたらき
食べ物の消化と吸収②

理解

答えは別冊3ページ

点数　　点

1問10点

覚えよう

次の［　　］にあてはまる言葉をかきましょう。

・食べ物を，細かくしたり，からだに吸収(きゅうしゅう)されやすい養分に変えたりすることを［①　　］という。

・だ液や［②　　］（胃(い)から出る液）には，食べ物を消化(しょうか)するはたらきがあり，このような液を［③　　］という。

↑消化にかかわることからこのようによばれる。

・図1は［④　　］とよばれる臓器(ぞうき)で，消化された養分は，おもにここから［⑤　　］といっしょに吸収される。

↑人のからだの約60%はこれでできている。

図1

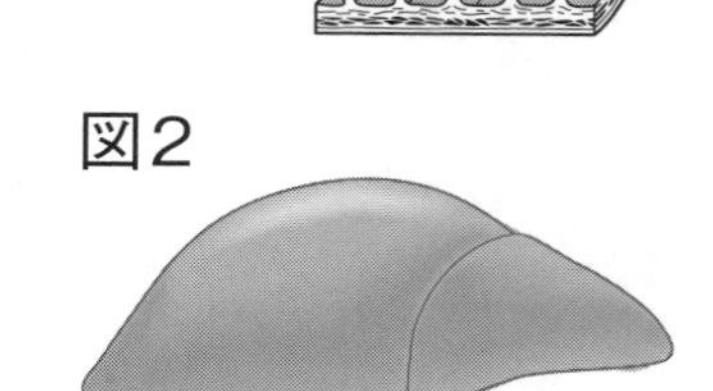

・図2は［⑥　　］とよばれる臓器で，吸収された養分は，ここで一時的にたくわえられたり，［⑦　　］によって全身に運ばれて使われたりする。

図2

考えよう

イヌなどの動物にも，ヒトと同じような消化と吸収のしくみがあります。図の［　　］にあてはまる言葉をかきましょう。

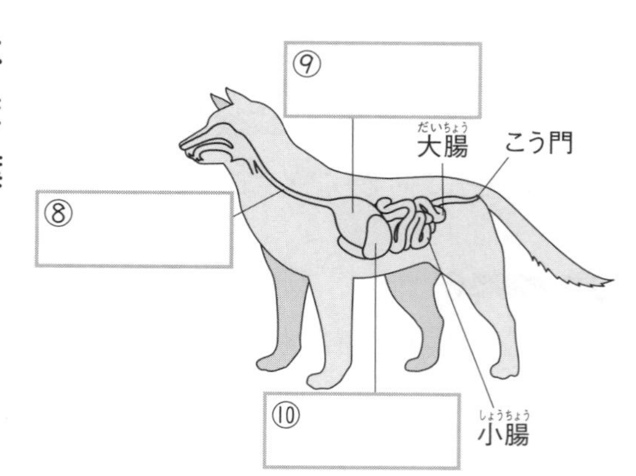

動物のからだのつくりとはたらき

食べ物の消化と吸収②

▶▶▶ 答えは別冊4ページ

(1)1問10点　(2)～(5)1問10点　(6)20点

1 **右の図は，ヒトのからだのつくりを模式的に表したものです。次の問題に答えましょう。**

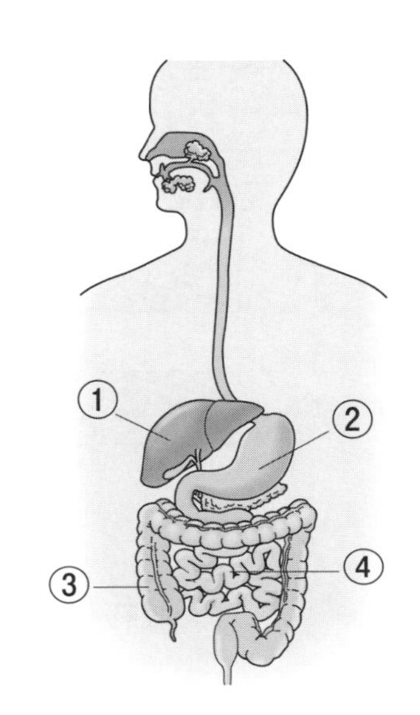

(1) 図の①～④の名前をそれぞれかきましょう。

①(　　　　　　)

②(　　　　　　)

③(　　　　　　)

④(　　　　　　)

(2) 食べ物を消化するはたらきをもつ液を何といいますか。

(　　　　　　)

(3) 消化された食べ物(養分)を吸収するはたらきをもつのは，①～④のどれですか。(　　　　　　)

(4) (3)で，消化された食べ物(養分)といっしょに吸収されるものは何ですか。次の**ア**～**エ**から選びましょう。(　　　　　　)

ア　酸素　　**イ**　水　　**ウ**　二酸化炭素　　**エ**　血液

(5) からだに吸収された養分を一時的にたくわえるはたらきをもつのは，①～④のどれですか。(　　　　　　)

(6) からだに吸収されなかった物は，どこからからだの外に出されますか。名前をかきましょう。(　　　　　　)

月

動物のからだのつくりとはたらき
呼吸のはたらき

答えは別冊4ページ
①～⑨：1問10点　⑩⑪：1問5点

覚えよう！

次の□にあてはまる言葉をかきましょう。

<吸う空気とはく空気の気体の体積の割合>

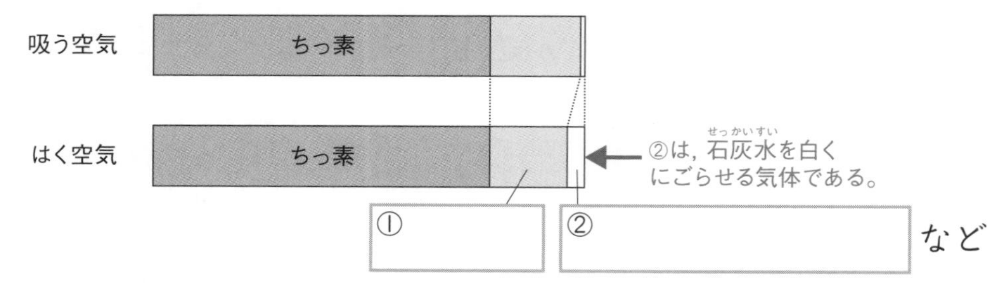

・人などの動物は，③□によって④□をとりこみ，⑤□をはき出している。

<肺のつくり>

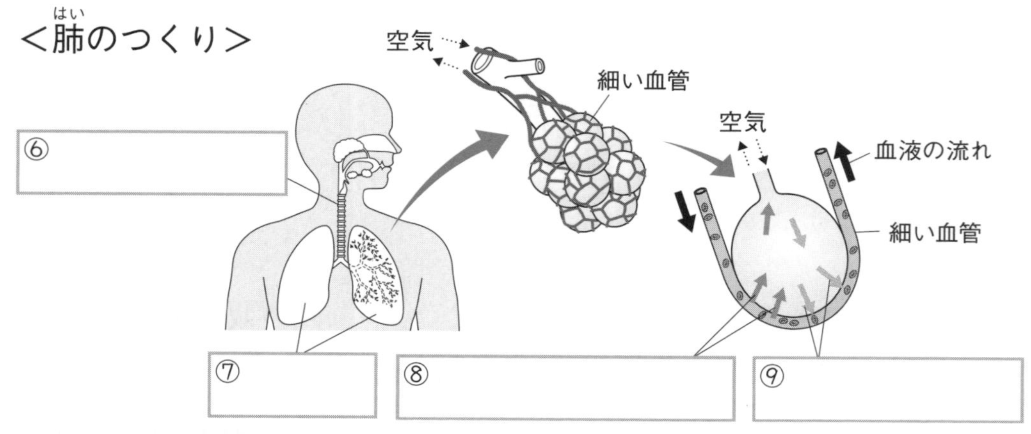

ことばのかくにん

・⑩□：空気中の酸素を血液中にとりこみ，二酸化炭素を血液中から出すはたらき。

・⑪□：⑩のはたらきをするところ（臓器）。

動物のからだのつくりとはたらき

呼吸のはたらき

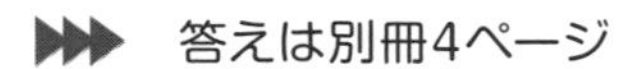

▶▶▶ 答えは別冊4ページ

点

1 (1)1問20点　(2)20点　**2** :1問20点

1 **ポリエチレンのふくろを2枚(まい)用意し，1枚にはまわりの空気を入れ(ふくろA)，もう1枚には息をふきこみました(ふくろB)。次の問題に答えましょう。**

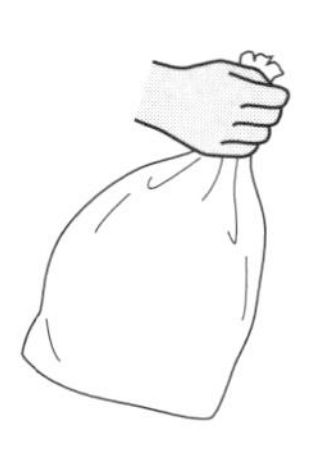

ふくろA

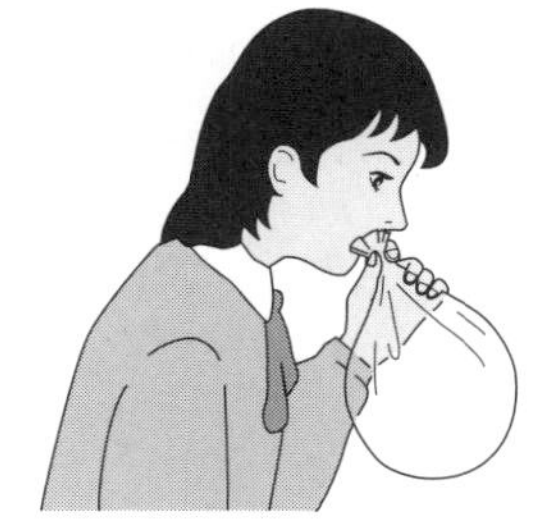

ふくろB

(1) ふくろA，Bに石灰水(せっかいすい)を入れてよくふると，石灰水はどうなりますか。それぞれかきましょう。

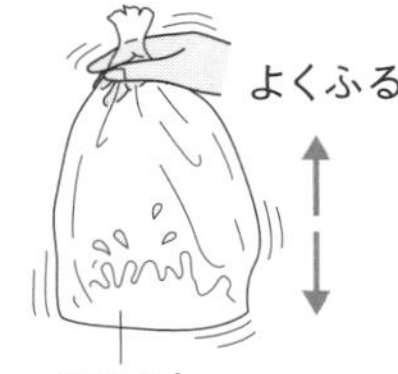

A(　　　　　　　　　　)

B(　　　　　　　　　　)

(2) この実験から，はいた空気には何という気体がまわりの空気より多くふくまれているといえますか。　(　　　　　　　　)

2 **下の表は，吸(す)う空気(まわりの空気)と人がはいた空気にふくまれる気体の体積の割合(わりあい)を，気体検知管で調べた結果です。次の問題に答えましょう。**

	気体A	気体B
吸う空気	約21%	約0.04%
はいた空気	約18%	約3%

(1) 表の気体Aと気体Bのうち，酸素はどちらですか。

(　　　　　　　　)

(2) 表のように，吸う空気とはいた空気で，気体Aも気体Bも体積の割合が変化したのは，人の何というはたらきのためですか。

(　　　　　　　　)

動物のからだのつくりとはたらき
呼吸のはたらき

▶▶▶ 答えは別冊4ページ

点数　　点

1(1)1問10点　(2)1問10点　**2**:1問10点

1 右の図は，人の呼吸（こきゅう）に関係する部分を模式的（もしきてき）に示したものです。次の問題に答えましょう。

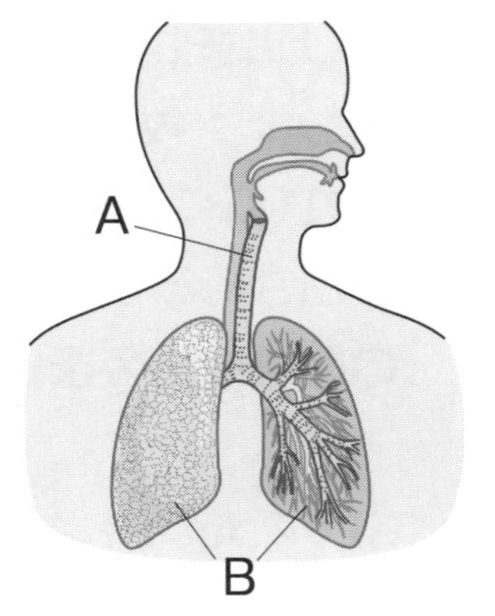

(1) 図のA，Bにあてはまる名前をかきましょう。

A(　　　　　　)

B(　　　　　　)

(2) 次の文中の①～⑥にあてはまる言葉を，それぞれア，イから選びましょう。

①(　　　　)　②(　　　　)　③(　　　　)

④(　　　　)　⑤(　　　　)　⑥(　　　　)

鼻や口から入った空気は，①{ア　気管　　イ　血管}を通って肺（はい）に入る。肺には，②{ア　気管　　イ　血管}が通っていて，空気中の③{ア　酸素　　イ　二酸化炭素}の一部が血液にとり入れられ，血液から④{ア　酸素　　イ　二酸化炭素}が出される。⑤{ア　酸素　　イ　二酸化炭素}を多くふくんだ空気は，⑥{ア　気管　　イ　血管}を通って鼻や口からはき出される。

2 いろいろな動物の呼吸について，次の問題に答えましょう。

(1) 次のア～エから，人と同じように肺で呼吸する動物を選びましょう。　(　　　　)

ア　クジラ　　**イ**　コイ　　**ウ**　キンギョ　　**エ**　フナ

(2) (1)で選ばなかった動物は，肺ではなくどこで呼吸をしていますか。

(　　　　　　)

動物のからだのつくりとはたらき
心臓と血液のはたらき①

▶▶▶ 答えは別冊5ページ

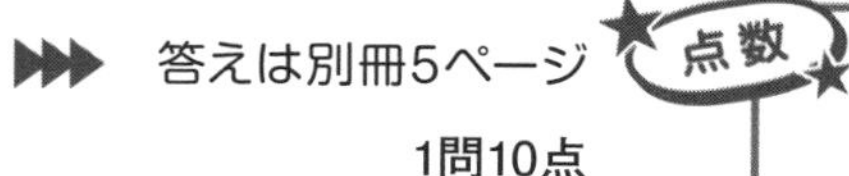

点数 　　点

1問10点

覚えよう

下の図は，人の血液の通り道を模式的(もしきてき)に表したものです。

［　　］にあてはまる言葉をかきましょう。

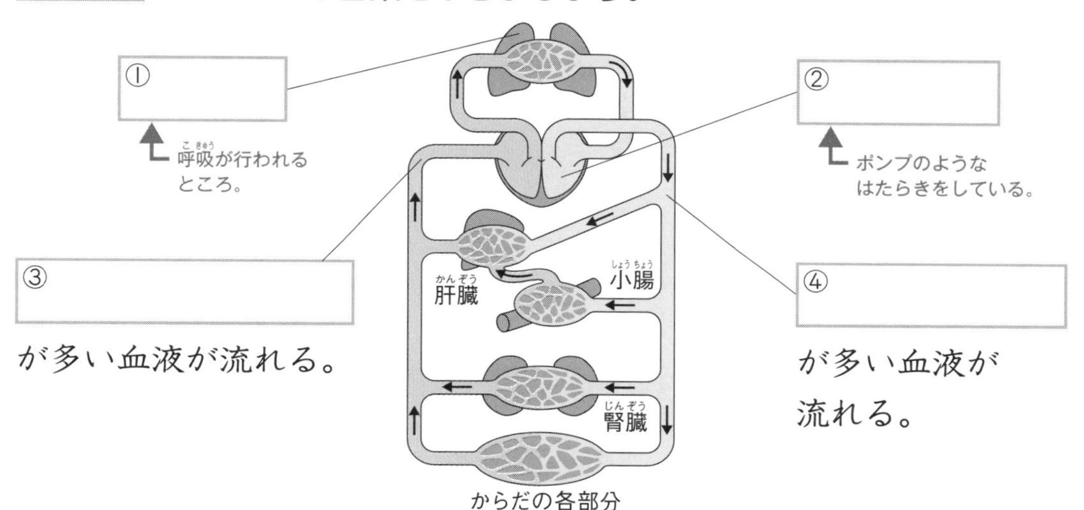

＜心臓(しんぞう)のはたらき＞

・心臓は，縮(ちぢ)んだりゆるんだりして⑤［　　］を送り出している。この動きを⑥［　　］という。

・手首などをさわって感じることのできる，血液が通るときの血管の動きを，⑦［　　］という。

＜血液のはたらき＞

・⑧［　　］や養分を全身に運ぶ。

・からだの各部分でいらなくなった物や⑨［　　］を，腎臓や⑩［　　］に運ぶ。

↑ 気体の交かんが行われる。

動物のからだのつくりとはたらき

心臓と血液のはたらき①

▶▶▶ 答えは別冊5ページ

(1)1問12点　(2)1問12点　(3)～(5)1問12点　(6)16点

1 **右の図は，人の<u>血液の通り道</u>を模式的に表したものです。次の問題に答えましょう。**

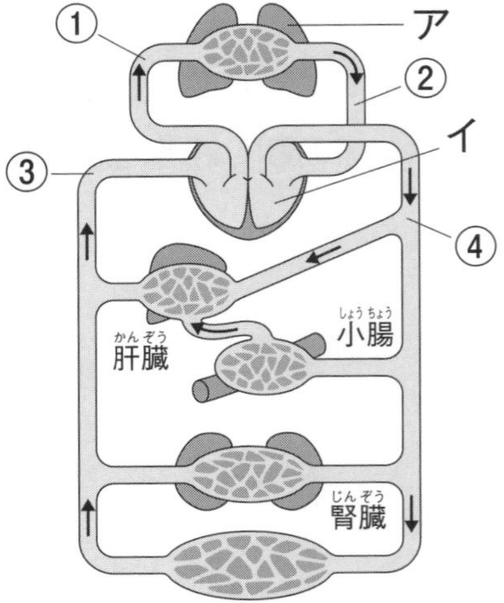

からだの各部分

(1) 血液を送り出すはたらきをしているのは，**ア**，**イ**のどちらですか。また，その名前をかきましょう。

記号（　　　　）

名前（　　　　）

(2) 酸素と二酸化炭素の交かんをしているのは，**ア**，**イ**のどちらですか。また，その名前をかきましょう。

記号（　　　　）　名前（　　　　）

(3) <u>血液の通り道</u>のことを何といいますか。　（　　　　）

(4) 酸素が多い血液が流れているところを，図の①～④から２つ選びましょう。　（　　　，　　　）

(5) 二酸化炭素が多い血液が流れているところを，図の①～④から２つ選びましょう。　（　　　，　　　）

◆チャレンジ◆

(6) 心臓には，血液が逆向きに流れないようにするためのしくみがあります。このしくみがなく，血液が同じところを行ったり来たりするようになると，どんな困ったことが起こりますか。

（　　　　　　　　　　　　）

勉強した日　　月　　日

動物のからだのつくりとはたらき
心臓と血液のはたらき②

覚えよう!

次の□にあてはまる言葉をかきましょう。

・からだの各部分でいらなくなった物は，①［　　］によって②［　　］に運ばれる。

人のからだには左右2個ある。

・③［　　］は，いらなくなった物を④［　　］とともにこし出し，⑤［　　］をつくる。

・にょうは，一時的に⑥［　　］にためられてから，からだの外に出される。

⑦［　　］

⑧［　　］

メダカの血液が流れるようすの観察についてまとめましょう。

<手順>

1　メダカを，チャックつきのポリエチレンのふくろに，少量の⑨［　　］といっしょに入れる。

2　⑩［　　］を使って，メダカのおびれを観察する。

<結果>

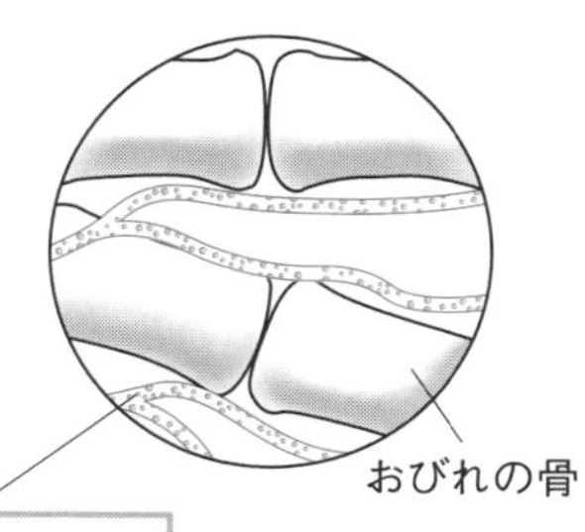

⑪［　　］

動物のからだのつくりとはたらき
心臓と血液のはたらき②

練習

▶▶▶ 答えは別冊5ページ

1問25点

1 下の図は，からだの中でいらなくなった物がからだの外に出ていくまでのようすをまとめたものです。次の問題に答えましょう。

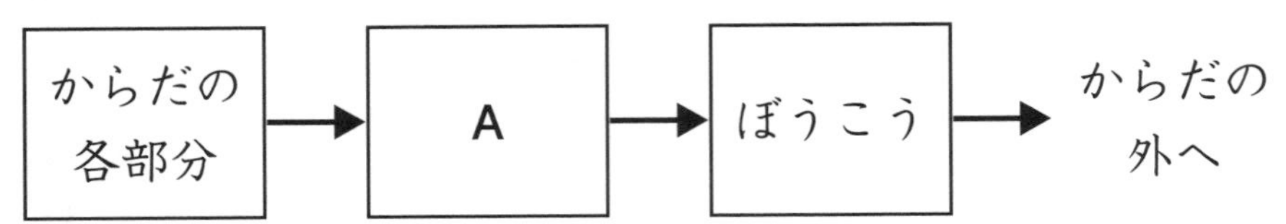

(1) Aにあてはまる臓器(ぞうき)の名前をかきましょう。(　　　　　)

(2) いらなくなった物とともに，Aで血液からこし出される物は何ですか。次のア～エから選びましょう。(　　　　　)

ア　酸素　　イ　二酸化炭素　　ウ　水　　エ　養分

2 メダカを使って，血液の流れるようすを次のような手順で観察します。あとの問題に答えましょう。

＜観察＞

1　右の図のように，チャックつきのポリエチレンのふくろに，少量の水とメダカを入れる。

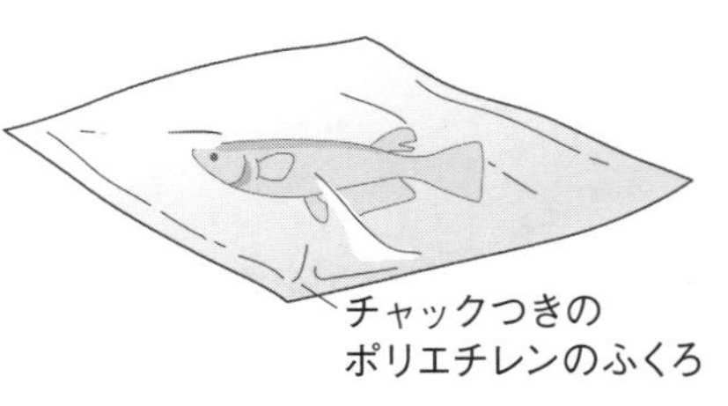

2　けんび鏡を使って，観察する。

(1) メダカを少量の水といっしょにポリエチレンのふくろに入れるのはなぜですか。次のア～ウから選びましょう。(　　　　　)

ア　けんび鏡で観察しやすくするため。

イ　メダカが呼吸(こきゅう)できるようにするため。

ウ　メダカが泳げるようにするため。

(2) 血液の流れるようすを観察するには，メダカのどの部分をけんび鏡で見ればよいですか。(　　　　　)

動物のからだのつくりとはたらきのまとめ

▶▶▶ 答えは別冊6ページ

1問20点

1 下の図は，ヒトの血液の流れを模式的に表したものです。次の問題に答えましょう。

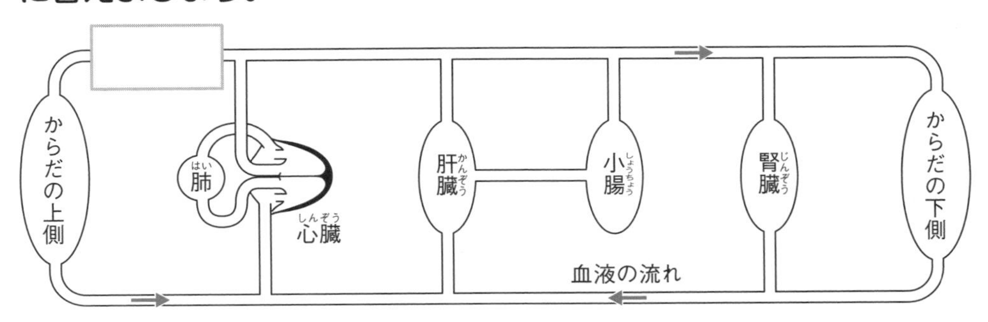

(1) 肺で行われる，生きるために重要なはたらきを何といいますか。

（　　　　　）

(2) 小腸のはたらきとして，まちがっているものはどれですか。次の**ア**～**エ**から２つ選びましょう。（　　　，　　　）

ア　水分を吸収する。　　**イ**　にょうをからだの外に出す。

ウ　消化された養分を吸収する。　　**エ**　血液を全身に送り出す。

(3) 図の□に，血液の流れる向きを表す矢印をかきましょう。

(4) 心臓の拍動のリズムと同じリズムはどれですか。次の**ア**～**エ**から選びましょう。（　　　）

ア　まばたきのリズム　　**イ**　呼吸のリズム

ウ　脈拍のリズム　　**エ**　しゃっくりのリズム

◆チャレンジ◆

(5) 運動をすると，心臓の拍動が激しくなる理由を説明しましょう。

（　　　　　　　　　　）

勉強した日　　月　　日

23 動物のからだのつくりとはたらきのまとめ
あなたはだれ？

▶▶▶ 答えは別冊6ページ

左の質問を読んで，右の［　　　］にあてはまる，
からだのつくりの名前をかきましょう。

あなたは，空気中の
酸素を血液に
とりこむところですか？

ハイ！
わたしは
［　　　］です。

あなたは，食べ物を
消化するところの
1つですよね？

イーエス！
ぼくは
［　　　］だよ！

あなたは，消化された
養分を吸収（きゅうしゅう）する
ところですか？

チョーです！
わたしは
［　　　］よ。

あなたは，
血液を全身に送る
ポンプのようなはたらき
をしていますか？

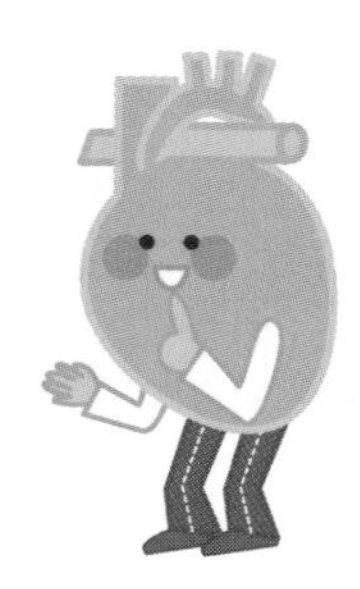

シーッ！
ひみつだぞう！
ぼくは
［　　　］さ！

植物のからだのつくりとはたらき

植物と水

▶▶▶ 答えは別冊6ページ

点数　　点

①～⑨：1問10点　⑩⑪：1問5点

覚えよう

次の［　　］にあてはまる言葉をかきましょう。

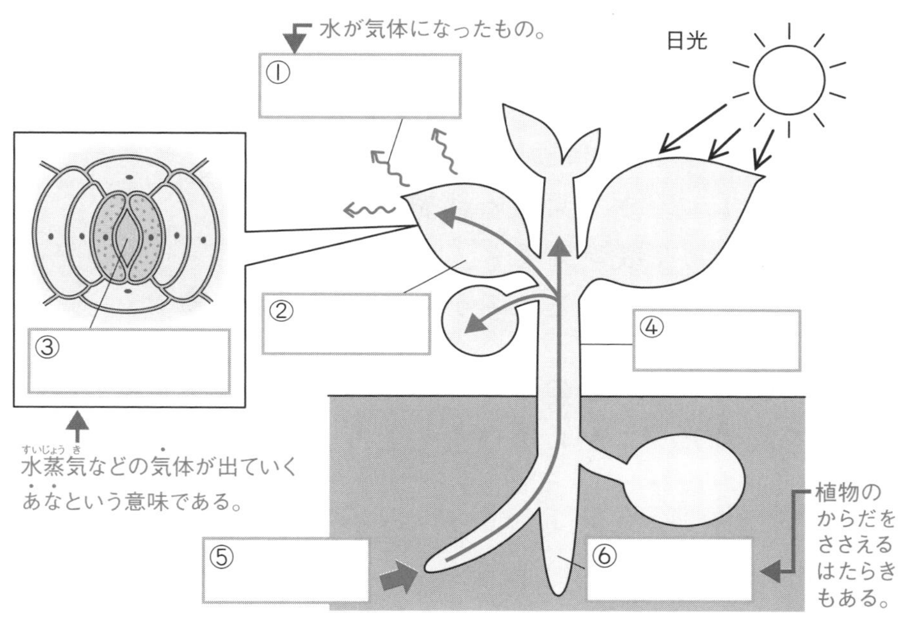

考えよう

次の［　　］にあてはまる言葉をかきましょう。

・夏の暑いころ，長い間雨が降らないと植物がしおれてしまうのは，［⑦　　］からとり入れる水の量よりも，［⑧　　］から出ていく水の量の方が［⑨　　］から。

ことばのかくにん

・［⑩　　］：植物のからだから水が水蒸気となって出ていくこと。

・［⑪　　］：葉にある，水蒸気が出ていくあな。

植物のからだのつくりとはたらき

植物と水

▶▶▶ 答えは別冊6ページ

1問25点

1 **植物の根からとり入れられた水のゆくえを調べる実験をしました。次の問題に答えましょう。**

<実験>

1　右の図のように，食紅(しょくべに)で赤く色をつけた水にホウセンカを入れた。

2　数時間後，根，くき，葉の一部をカッターナイフで切って観察すると，どの部分にも赤く染(そ)まっているところがあった。

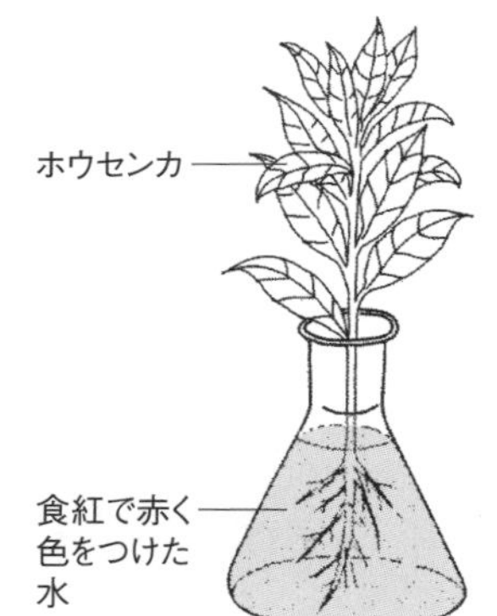

(1)　くきを横に切ると，どのように染まっていましたか。もっとも近いものを次の**ア**～**エ**から選びましょう。　(　　　　　)

ア

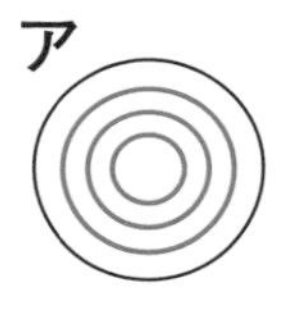

イ

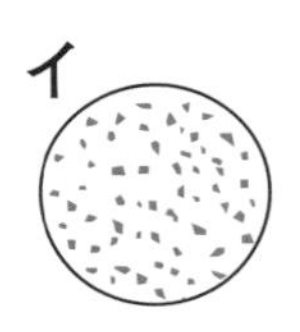

ウ

エ

(2)　次の**ア**～**ウ**を，水が通る順に並(なら)べましょう。

(　　　　　→　　　　　→　　　　　)

ア　葉　　**イ**　根　　**ウ**　くき

(3)　葉に運ばれた水は，葉の表面にある小さなあなから水蒸気(すいじょうき)となって出ていきます。このあなの名前をかきましょう。

(　　　　　)

(4)　葉から水が水蒸気となって出ていくことを何といいますか。

(　　　　　)

植物のからだのつくりとはたらき

植物と空気

答えは別冊7ページ

①②：1問20点　③～⑧：1問10点

植物にポリエチレンのふくろをかぶせ，気体の体積の割合(わりあい)を調べる実験をしました。<結果>と<まとめ>を完成させましょう。

<実験>

1　植物にふくろをかぶせ，ストローで息をふきこんだ後，気体検知管でふくろの中の酸素と二酸化炭素の体積の割合を調べた。

2　よく日光に当てた後，もういちど，酸素と二酸化炭素の体積の割合を調べた。

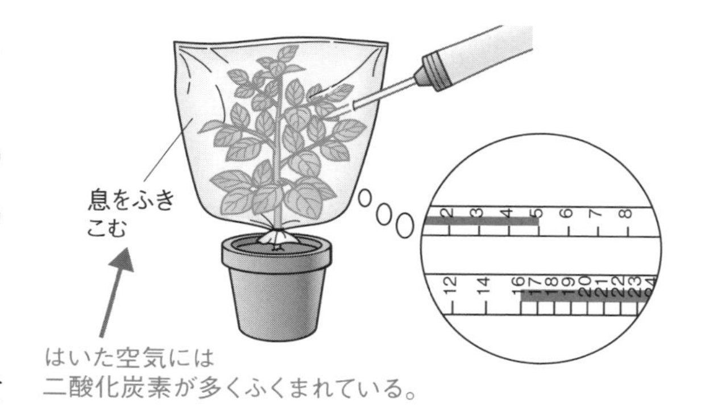

<結果>

ふくろの中の気体の体積の割合

気体	①	②
日光に当てる前	約16％	約５％
日光に当てた後	約18％	約３％

<まとめ>

・日光に当てた後では，③＿＿＿＿がふえて，④＿＿＿＿が減った。

・このことから，植物は日光に当たると，⑤＿＿＿＿をとり入れて，⑥＿＿＿＿を出すことがわかった。

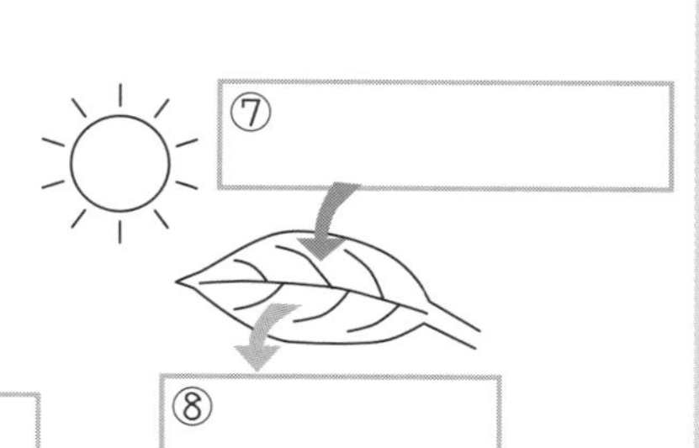

植物のからだのつくりとはたらき
植物と空気

▶▶▶ 答えは別冊7ページ

1問25点

1 **植物と空気の関係を調べました。次の問題に答えましょう。**

<実験>

1　植物にポリエチレンのふくろをかぶせ，息をふきこんだ。
2　気体検知管で，ふくろの中の酸素と二酸化炭素の体積の割合（わりあい）を調べた。
3　1時間ぐらい，植物に日光を当てた。
4　もういちど，ふくろの中の酸素と二酸化炭素の体積の割合を調べた。

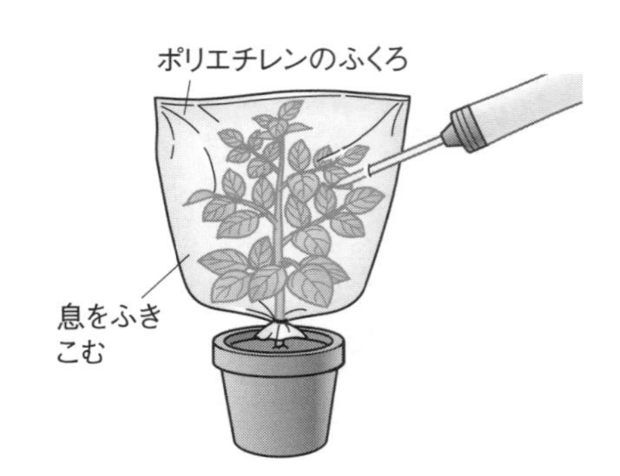

(1) 実験の1で，ポリエチレンのふくろに息をふきこんだのはなぜですか。次の**ア**～**ウ**から選びましょう。（　　　　）

ア　ふくろをふくらませるため。
イ　ふくろの中の酸素の体積の割合をふやすため。
ウ　ふくろの中の二酸化炭素の体積の割合をふやすため。

(2) 実験の2と4で，ふくろの中の体積の割合が減っていたのは，酸素と二酸化炭素のどちらですか。（　　　　）

(3) 実験の2と4で，ふくろの中の体積の割合がふえていたのは，酸素と二酸化炭素のどちらですか。（　　　　）

(4) この実験から，植物に日光が当たると，植物はどんなはたらきをすることがわかりますか。簡単（かんたん）にかきましょう。

（　　　　　　　　　　　　　　　　）

勉強した日　月　日

植物のからだのつくりとはたらき

植物と養分

▶▶▶ 答えは別冊7ページ

①②：1問10点　③〜⑥：1問20点　　点

覚えよう！

次の□にあてはまる言葉をかきましょう。

（植物の成長に使われる。）

・植物の葉に日光が当たると，①＿＿＿＿ができる。

・でんぷんがあるかどうかは，②＿＿＿＿を使って調べる。

（でんぷんがあると，青むらさき色になる。）

次の＜実験＞の＜結果＞と＜まとめ＞を完成させましょう。

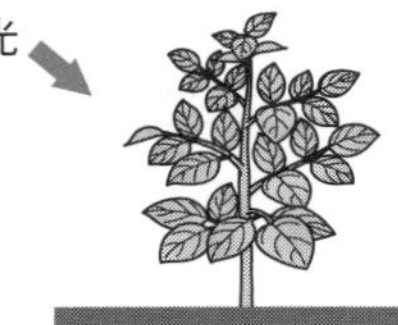

＜実験＞　前の日におおいをして，葉にでんぷんがなくなっている植物を２つ用意し，右の図のように，一方には日光をよく当て，もう一方にはおおいをして日光を当てなかった。
その後，２つの植物の葉を１枚（まい）ずつとり，ヨウ素液を使って色の変化を調べた。

＜結果＞

	ヨウ素液の色
日光をよく当てた植物の葉	③＿＿＿＿。
日光を当てなかった植物の葉	④＿＿＿＿。

＜まとめ＞

（「できた」「できなかった」で答える。）

・日光をよく当てた植物の葉には，でんぷんが⑤＿＿＿＿。

・日光を当てなかった植物の葉には，でんぷんが⑥＿＿＿＿。

植物のからだのつくりとはたらき

植物と養分

▶▶▶ 答えは別冊7ページ

1問25点

1 日光と葉のでんぷんについて調べる実験をしました。次の問題に答えましょう。

<実験>

1　夕方，右の図のようにジャガイモの３枚(まい)の葉**A**, **B**, **C**をアルミニウムはくでおおった。

2　次の日の朝，葉**C**にでんぷんがないことを確かめた後，残りの葉**A**，**B**について，次のような操作(そうさ)をした。

葉**A**…アルミニウムはくをはずして，よく日光に当てた。

葉**B**…アルミニウムはくをつけたまま，よく日光に当てた。

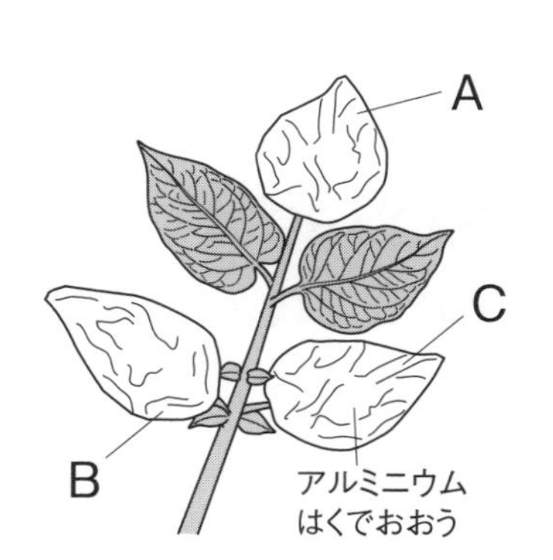

(1) 葉**A**，**B**にでんぷんができたかどうかを調べるために，まず，葉をある紙にはさみ，木づちでたたきました。ある紙とは何ですか。次の**ア**～**エ**から選びましょう。　(　　　)

ア　新聞紙　　**イ**　ろ紙　　**ウ**　ノート　　**エ**　ダンボール

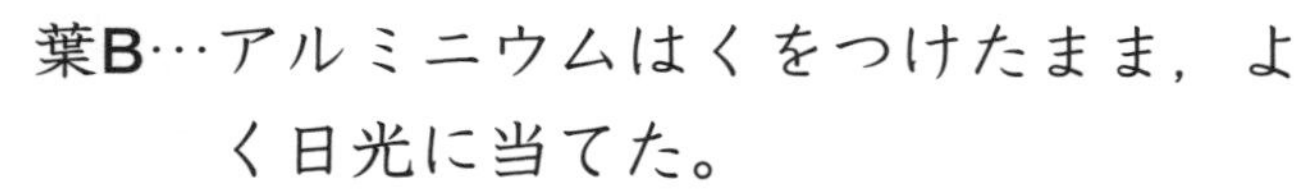

(2) 葉の形がうつった(1)の紙をヨウ素液につけました。色が変化したのは，**A**，**B**どちらの葉の紙ですか。　(葉　　　)

(3) この実験から，葉にでんぷんができるのに必要なものは何といえますか。　(　　　)

◇チャレンジ◇

(4) 葉**C**を用意した目的を説明しましょう。

(　　　　　　　　　　)

勉強した日　月　日

30 植物のからだのつくりとはたらきのまとめ

▶▶▶ 答えは別冊8ページ

(1)(2)(4)(5)1問20点　(3)1問10点

1 **右の図は，植物のからだのつくりとはたらきについて模式的にまとめたものです。次の問題に答えましょう。**

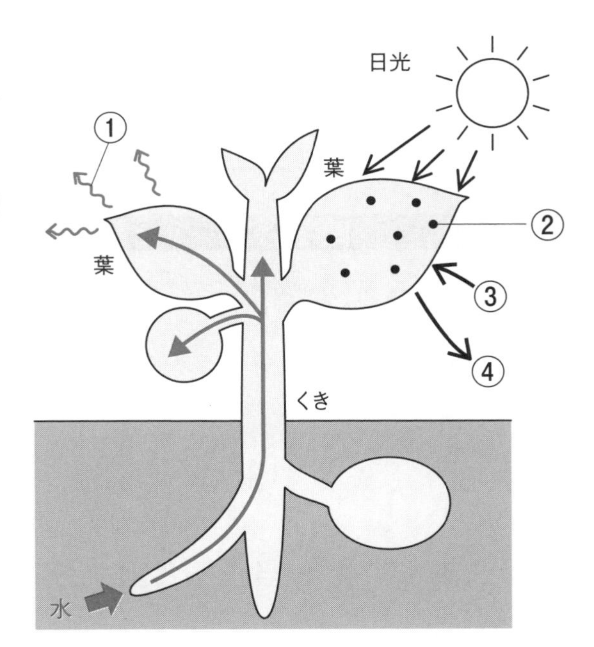

(1) 根からとり入れられた水は，葉から①となって出ていきます。①にあてはまる言葉をかきましょう。

(　　　　　　)

(2) ②は，ヨウ素液を青むらさき色に変える物です。②にあてはまる言葉をかきましょう。　(　　　　　　)

(3) ③は，葉に日光が当たっているときにとり入れられる気体です。④は，葉に日光が当たっているときに出される気体です。③，④にあてはまる言葉をそれぞれかきましょう。

③(　　　　　　)　④(　　　　　　)

(4) 日光が当たらないとき，②はできますか。できませんか。

(　　　　　　)

(5) 葉にできた②は，水にとけやすい物にかえられて，からだのすみずみに運ばれます。②はどんなことに使われますか。簡単にかきましょう。(　　　　　　)

勉強した日　　月　　日

31

植物のからだのつくりとはたらきのまとめ

暗号ゲーム

▶▶▶答えは別冊8ページ

問題をといて，
答えにあるひらがなを順に並(なら)べましょう。

問題

① 植物の葉に日光が当たってできる物。

② 植物のからだから水が水蒸気(すいじょうき)となって出ていくこと。

③ 葉にある，水蒸気が出ていくあな。

④ 植物が，葉に日光が当たると出す気体。

⑤ 植物が，葉に日光が当たるととり入れる気体。

⑥ 植物が水を吸収(きゅうしゅう)するところ。

⑦ でんぷんがあるかどうかを調べる液。

答え

い	気こう
き	でんぷん
ま	二酸化炭素
れ	蒸散(じょうさん)
わ	根
ひ	酸素
り	ヨウ素液

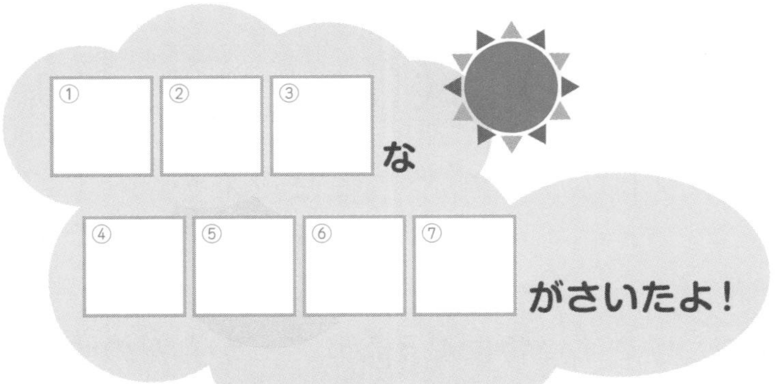

生き物のくらしと環境

食べ物による生物のつながり

答えは別冊8ページ

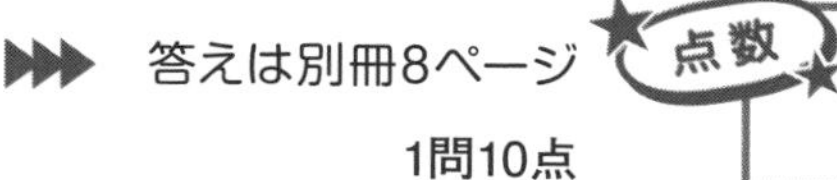

1問10点

点

覚えよう

次の[　　]にあてはまる言葉をかきましょう。

・①[　　]は，生きていくために必要な養分(②[　　]など)を自分でつくる。

これをつくるには，日光が必要である。

・③[　　]は，生きていくために必要な養分を自分ではつくれないので，植物やほかの動物を食べて養分をとり入れている。

考えよう

下の図は，生物どうしのつながりを表しています。[　　]に，「食べられるもの」から「食べるもの」に向かって→をかきましょう。

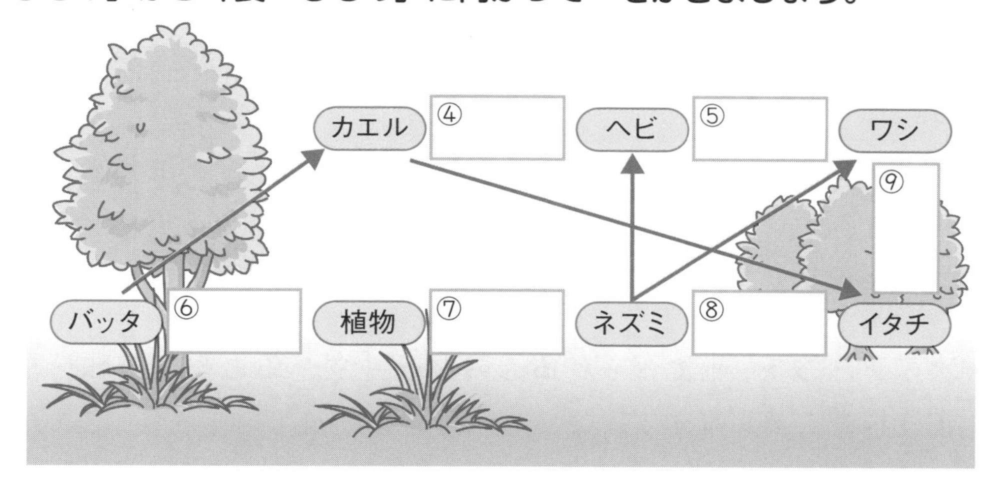

ことばのかくにん

・⑩[　　]：生物どうしの，「食べる・食べられる」の関係によるつながり。

生き物のくらしと環境

食べ物による生物のつながり

▶▶▶ 答えは別冊8ページ

1：全問正解で25点　**2**：1問25点

1 下の図にかかれている動物と，その動物が食べるものを正しく線で結びましょう。

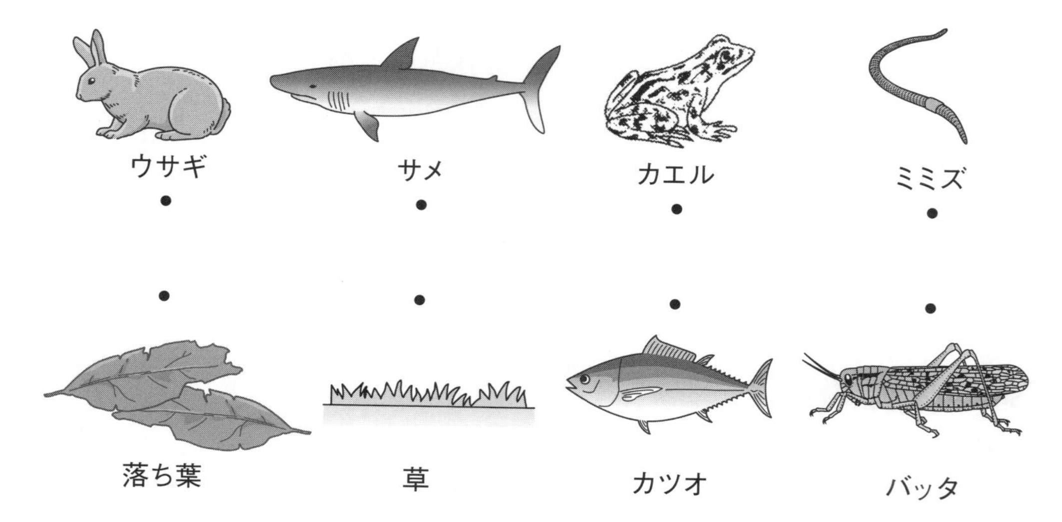

2 食べ物による生物どうしのつながりについて，次の問題に答えましょう。

(1) 次の**ア**～**エ**から，自分で養分をつくることができる生物を選びましょう。 (　　　)

ア キツネ　**イ** バッタ　**ウ** タンポポ　**エ** フナ

(2) 次の**ア**～**ウ**を，「食べられるもの」→「食べるもの」の順になるように並(なら)べましょう。

(　　　→　　　→　　　)

ア ミミズ　**イ** 落ち葉　**ウ** モグラ

(3) 生物どうしの，「食べる・食べられる」の関係のつながりを何といいますか。 (　　　)

生き物のくらしと環境

食べ物による生物のつながり

▶▶▶ 答えは別冊9ページ

点数　　点

1（1）1問10点　（2）10点　**2**（1）1問15点　（2）（3）1問20点

1 プレパラートのつくり方について，次の問題に答えましょう。

（1） 右の図の**あ**，**い**を何といいますか。

あ（　　　　　）
い（　　　　　）

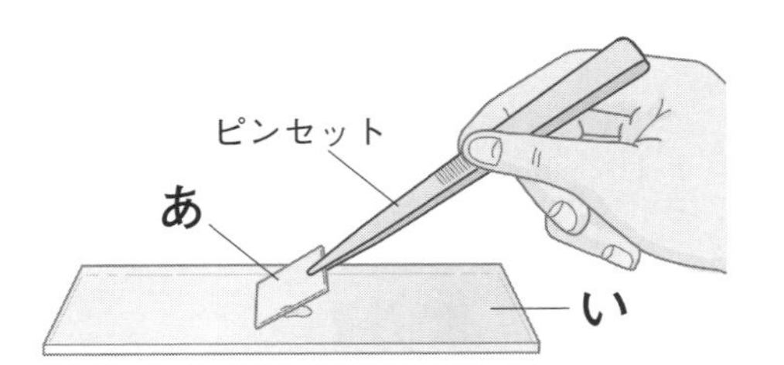

（2） はみ出した水をすいとるときは何を使いますか。

（　　　　）

2 池や川で見られる生物について，次の問題に答えましょう。

A
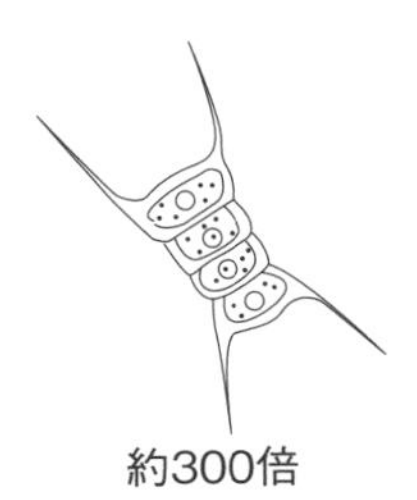
約300倍

B
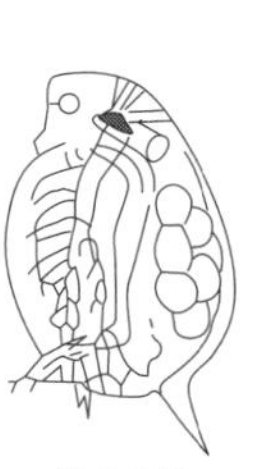
約20倍

C
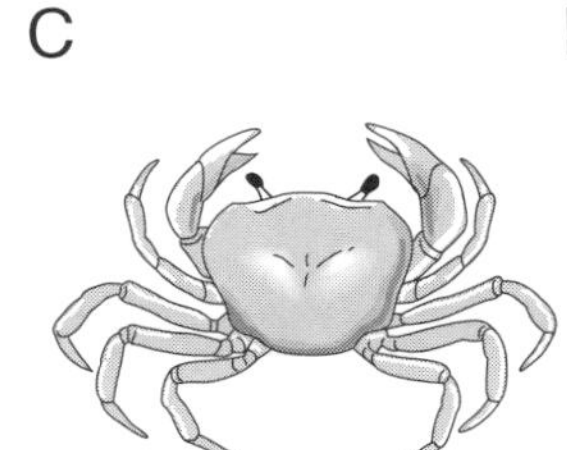

D
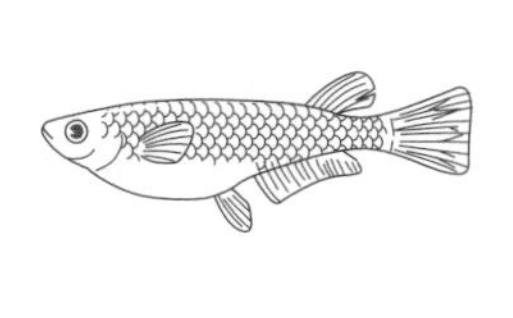

（1） A，Bの生き物の名前をかきましょう。

A（　　　　　）
B（　　　　　）

（2） A，Bどちらの生き物の方が大きいですか。

（　　　　）

（3） A～Dを「食べられる物」→「食べる物」の順になるように並（なら）べましょう。

（　　　→　　　→　　　→　　　）

生き物のくらしと環境
生き物と空気や水のかかわり

▶▶▶ 答えは別冊9ページ

点

①～⑥：1問10点　⑦⑧：1問20点

覚えよう

次の□にあてはまる言葉をかきましょう。

人の体重の約60％をしめている。

・人やほかの動物，植物のからだの中には，多くの①□がふくまれていて，これによってからだのはたらきを保っている。

・植物は，②□から水を吸収（きゅうしゅう）している。

・葉まで運ばれた水は，気こうから③□となって出ていく。これを④□という。

気体になっている。

・動物は，⑤□から水をとり入れ，余分な水を⑥□として体外に出す。

考えよう

下の図は，生物が空気を通してつながっていることを表しています。□にあてはまる気体の名前をかきましょう。

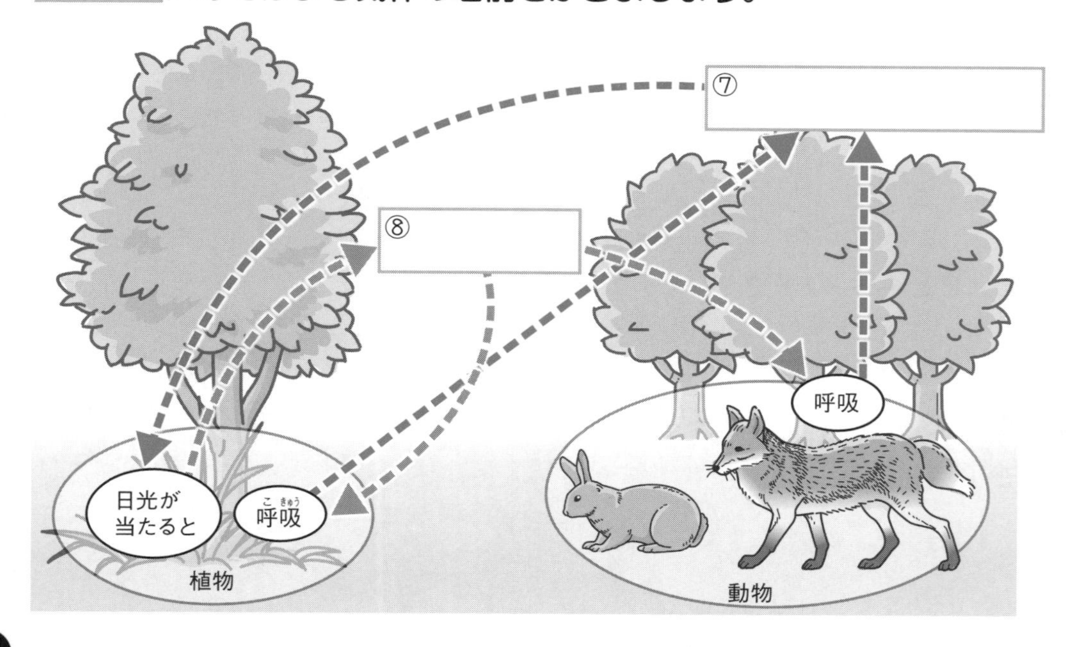

生き物のくらしと環境

生き物と空気や水のかかわり

▶▶▶ 答えは別冊9ページ

(1)1問20点　(2)〜(4)1問20点

点数　　点

1 下の図は，空気を通した生物のつながりについて表したものです。次の問題に答えましょう。

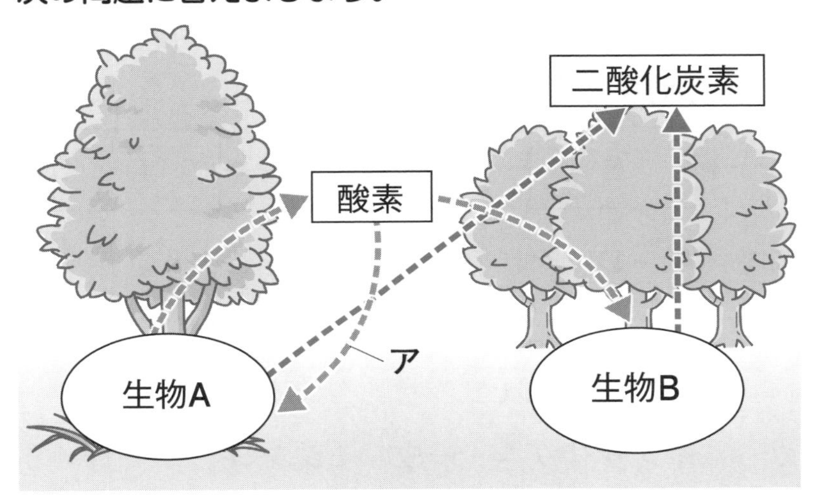

(1) 生物A，生物Bには，「植物」と「動物」のどちらがあてはまりますか。それぞれかきましょう。

生物A（　　　　　　）　生物B（　　　　　　）

(2) 矢印アは，生物Aのあるはたらきによる酸素の流れを表しています。あるはたらきとは何ですか。　（　　　　　　）

◇チャレンジ◇

(3) 上の図では，１本の矢印がぬけてしまっています。何から何に向かう矢印がぬけていますか。図の中の言葉で答えましょう。

（　　　　　から　　　　　）に向かう矢印

(4) この図から，生物どうしは空気を通してつながっているといえますか，いえませんか。　（　　　　　　）

勉強した日　　月　　日

生き物のくらしと環境のまとめ

▶▶▶ 答えは別冊10ページ

（1）1問16点　（2）（3）1問18点

1 下の図は，生物どうしの「食べる・食べられる」の関係によるつながりを表したものです。Aには，自分で養分をつくることのできる生物があてはまり，矢印のもとが食べられる生物，矢印の先が食べる生物です。次の問題に答えましょう。

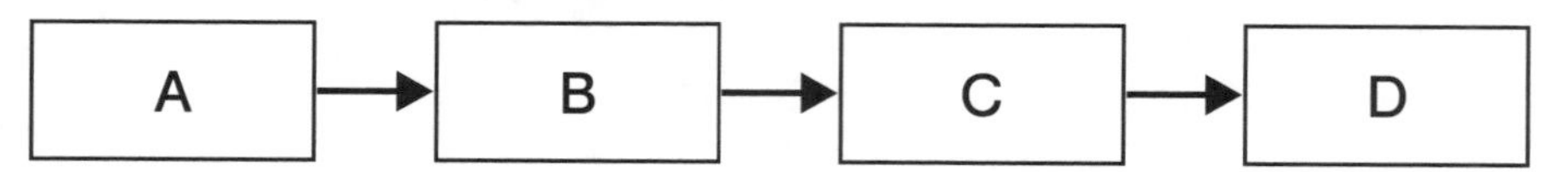

（1）次の**ア**～**エ**を，**A**～**D**にそれぞれあてはめましょう。

A（　　　　　）　B（　　　　　）

C（　　　　　）　D（　　　　　）

ア　メダカ　　**イ**　ザリガニ　　**ウ**　ミジンコ

エ　ボルボックス

（2）生物どうしの「食べる・食べられる」の関係によるつながりについて，正しいものを次の**ア**～**エ**から選びましょう。（　　　　　）

ア　土の中では見られない。

イ　土の中でも見られる。

ウ　水の中から陸上へとつながることはない。

エ　土の中から陸上へとつながることはない。

◇チャレンジ◇

（3）**A**～**D**の生物の数は，ふつうどうなっていますか。正しく図に表したものを次の**ア**～**ウ**から選びましょう。（　　　　　）

ア

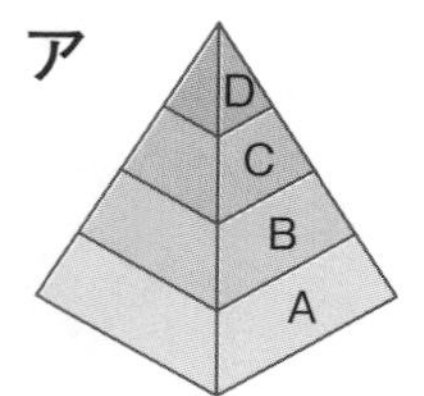

イ

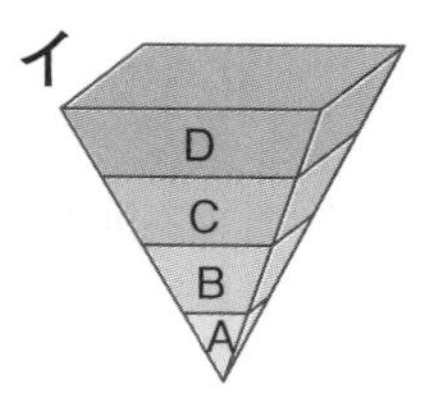

ウ

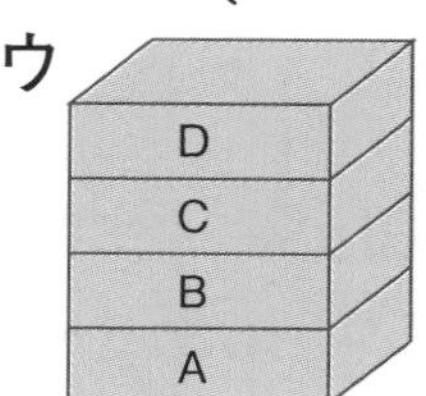

38

生き物のくらしと環境のまとめ

暗号ゲーム

▶▶▶ 答えは別冊10ページ

下の生き物の，食べる・食べられるの関係をたどって，ひらがなを順に並(なら)べると，言葉が完成するよ！

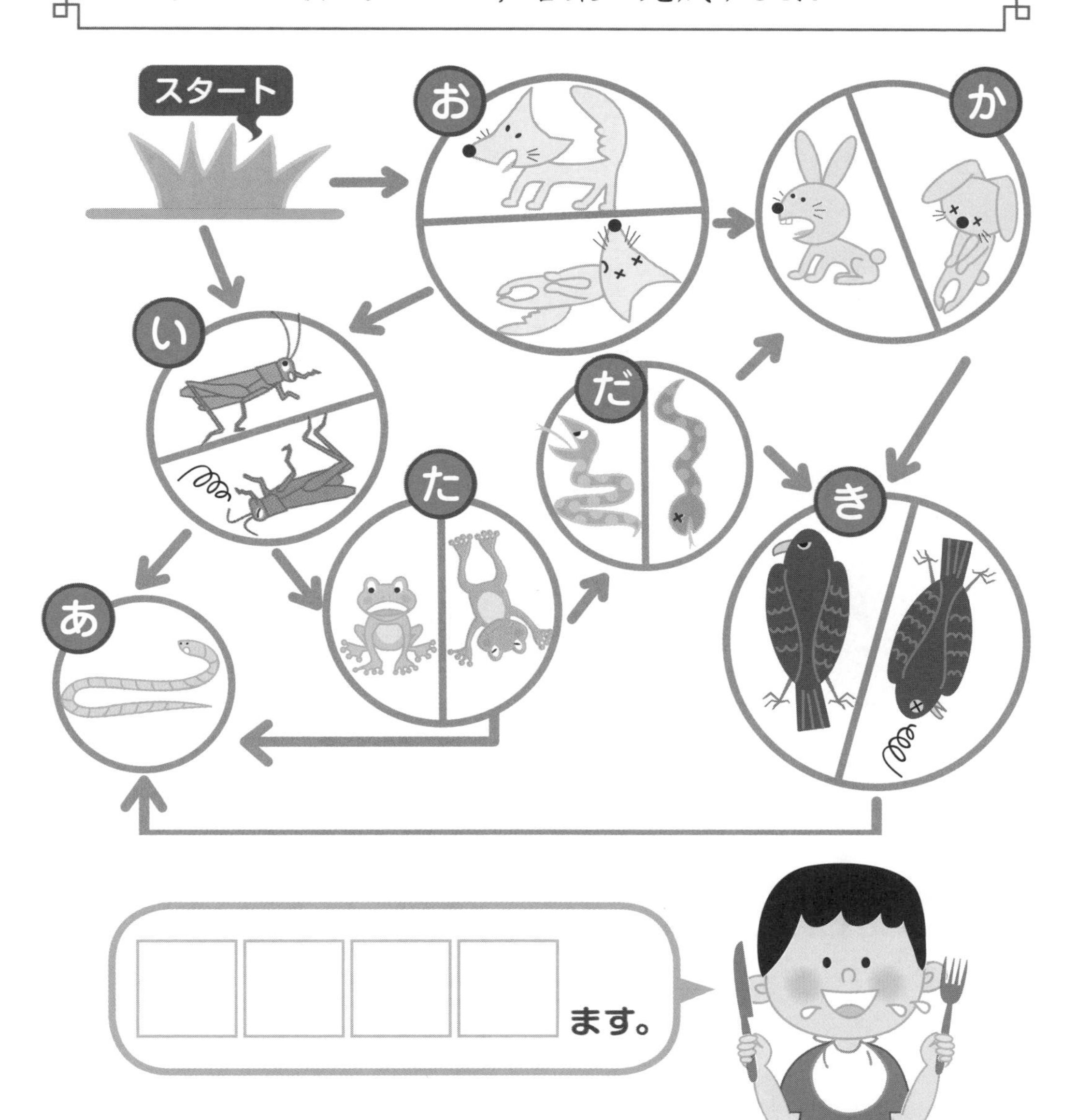

月　日

水溶液の性質とはたらき

水溶液にとけている物

▶▶▶ 答えは別冊10ページ

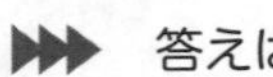

点

①②：1問15点　③～⑨：1問10点

覚えよう

次の［　　］にあてはまる言葉をかきましょう。

・水溶液（すいようえき）から水を蒸発（じょうはつ）させたとき，白いつぶが残るのは，水溶液に［①　　］がとけている場合である。← 食塩水など。

・水溶液から水を蒸発させたとき，何も残らないのは，水溶液に［②　　］がとけている場合である。← 炭酸水，アンモニア水など。

考えよう

炭酸水，食塩水，アンモニア水，石灰水（せっかいすい），塩酸を整理しましょう。

固体がとけている水溶液	気体がとけている水溶液	
	においあり。	においなし。
［③　　］ ［④　　］	［⑤　　］ アンモニア水	［⑥　　］

（においあり →）つんとしたにおい。
↓
手で［⑦　　］ようにしてにおいをかぐ。

（においなし →）水を蒸発させて出てきた気体を［⑧　　］に通すと，白くにごる。
↓
［⑨　　］がとけている。

水溶液の性質とはたらき

水溶液にとけている物

▶▶▶ 答えは別冊10ページ

点数　　点

（1）10点　（2）1問10点　（3）1問10点　（4）20点　（5）30点

1 **炭酸水，アンモニア水，食塩水，石灰水（せっかいすい），塩酸の５種類の水溶液（すいようえき）について，実験１～３を行いました。次の問題に答えましょう。**

> 実験１：試験管をふって，水溶液（すいようえき）の色とようすを調べた。
> 実験２：手であおぐようにして，においを調べた。
> 実験３：蒸発皿（じょうはつざら）に少量とって水溶液を加熱し，何か残るか調べた。

（1） 実験１で，とう明であわの出ているものが１つありました。どの水溶液ですか。　（　　　　　　）

（2） 実験２で，つんとしたにおいのする水溶液を２つ答えましょう。
（　　　　　　）（　　　　　　）

（3） 実験３で，蒸発皿に白いつぶが残っている水溶液を２つ答えましょう。
（　　　　　　）（　　　　　　）

（4） 実験３で，蒸発皿に白いつぶが残ったのはなぜですか。簡単（かんたん）にかきましょう。（　　　　　　）

◇チャレンジ◇

（5） ５種類の水溶液のうち２種類を混ぜると，白くにごる組み合わせがあります。それはどの水溶液とどの水溶液ですか。
（　　　　　　，　　　　　　）

月　日

水溶液の性質とはたらき

水溶液のなかま分け

▶▶▶ 答えは別冊11ページ

点

①～④：1問5点　⑤～⑫：1問10点

覚えよう

次の□にあてはまる言葉をかきましょう。

・水溶液（すいようえき）をなかま分けするときは，①□紙を使う。（赤色と青色の２種類がある。）

・水溶液は，リトマス紙の色の変化によって，②□性，③□性，④□性に分けられる。

<リトマス紙の色の変化>

（中性：酸性でもアルカリ性でもない，中間の性質。）

水溶液の性質	酸性	中性	アルカリ性
青色のリトマス紙	⑤□色になる。	変化しない。	⑥□。
赤色のリトマス紙	⑦□。	⑧□。	⑨□色になる。

考えよう

次の□にあてはまる言葉をかきましょう。

・炭酸水を青色のリトマス紙につけると，赤色になった。

→⑩□性。← 赤色のリトマス紙は変化しない。

・アンモニア水を赤色のリトマス紙につけると，青色になった。

→⑪□性。← 青色のリトマス紙は変化しない。

・食塩水は，青色のリトマス紙につけても赤色のリトマス紙につけても，色が変化しなかった。

→⑫□性。

水溶液の性質とはたらき
水溶液のなかま分け

▶▶▶ 答えは別冊11ページ

(1)～(5)1問15点　(6)25点

1 **水溶液（すいようえき）をなかま分けするときには，リトマス紙を使います。次の問題に答えましょう。**

(1) リトマス紙を使うと，水溶液はいくつのなかまに分けられますか。
（　　　　　　）

(2) 赤色のリトマス紙を青色にする水溶液は，何性ですか。
（　　　　　　）

(3) 青色のリトマス紙を赤色にする水溶液は，何性ですか。
（　　　　　　）

(4) 赤色のリトマス紙，青色のリトマス紙，どちらにつけても色の変化が見られない水溶液は，何性ですか。
（　　　　　　）

(5) 赤色のリトマス紙，青色のリトマス紙のどちらの色も変化させる水溶液はありますか，ありませんか。（　　　　　　）

(6) リトマス紙の使い方として正しいものを，次の**ア**～**エ**から２つ選びましょう。（　　　，　　　）

ア　リトマス紙を持つときは，手でそのまま持つ。

イ　リトマス紙を持つときは，ピンセットで持つ。

ウ　水溶液をつけるときは，ガラス棒（ぼう）で少量つける。

エ　水溶液をつけるときは，ビーカーをかたむけて液をかける。

水溶液の性質とはたらき

水溶液のなかま分け

▶▶▶ 答えは別冊11ページ

点数　　点

(1)1問10点　(2)1問10点　(3)20点

1 いろいろな液体について，リトマス紙の色の変化を調べました。表はその結果をまとめたものです。次の問題に答えましょう。

液体	青色のリトマス紙	赤色のリトマス紙
水	変化しない。	変化しない。
食塩水	変化しない。	A
石灰水(せっかいすい)	変化しない。	青色になる。
アンモニア水	B	C
塩酸	赤色になる。	変化しない。
炭酸水	D	E

(1) 表の**A**～**E**にあてはまるものを，次の**ア**～**ウ**からそれぞれ選びましょう。

A(　　　)　B(　　　)

C(　　　)　D(　　　)　E(　　　)

ア　変化しない。　**イ**　赤色になる。　**ウ**　青色になる。

(2) 表の液体を酸性，中性，アルカリ性になかま分けしましょう。

酸性(　　　)

中性(　　　)

アルカリ性(　　　)

(3) 次の**ア**～**エ**のうち，リトマス紙と同じように水溶液(すいようえき)のなかま分けに使えるものはどれですか。2つ選びましょう。

(　　　，　　　)

ア　ムラサキキャベツの液　**イ**　ジャガイモのゆでじる

ウ　BTB(ビーティービー)溶液　**エ**　ヨウ素液

水溶液の性質とはたらき

44 水溶液と金属

理解

答えは別冊11ページ

点数　点

①～⑧：1問10点　⑨：20点

覚えよう

次の［　　］にあてはまる言葉をかきましょう。

・鉄にうすい塩酸を入れると，①［　　］を出して②［　　］。

・アルミニウムにうすい塩酸を入れると，③［　　］を出して④［　　］。

考えよう

うすい塩酸に鉄やアルミニウムをとかした液を蒸発(じょうはつ)させて出てきた固体について調べました。<結果>と<まとめ>を完成させましょう。

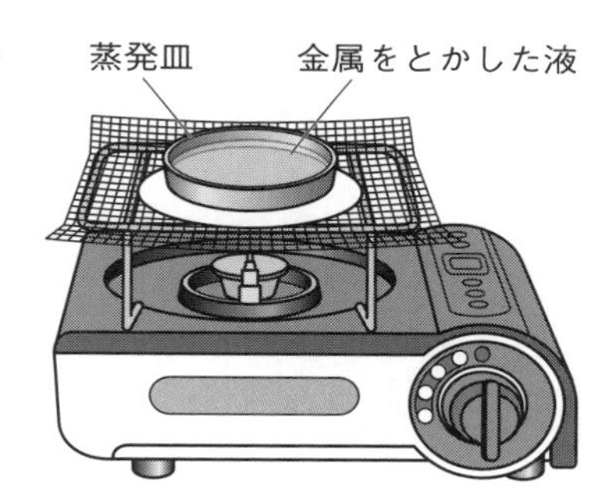

<実験>1　うすい塩酸を注いだ。

2　電気を通した。

<結果>もとの金属と出てきた固体のようす

	鉄	鉄がとけた液から出てきた固体	アルミニウム	アルミニウムがとけた液から出てきた固体
実験1	あわを出してとけた。	あわを⑤［　　］とけた。	あわを出してとけた。	あわを⑥［　　］とけた。
実験2	通した。	⑦［　　］。	通した。	⑧［　　］。

<まとめ>

・うすい塩酸に金属をとかしてできた液から出てきた固体は，もとの金属とは⑨［　　］物である。

もとの金属とちがう結果になったということは？

水溶液の性質とはたらき
水溶液と金属

▶▶▶ 答えは別冊12ページ

1問25点

1 **アルミニウムが入った試験管A，Bがあります。これについて，次の問題に答えましょう。**

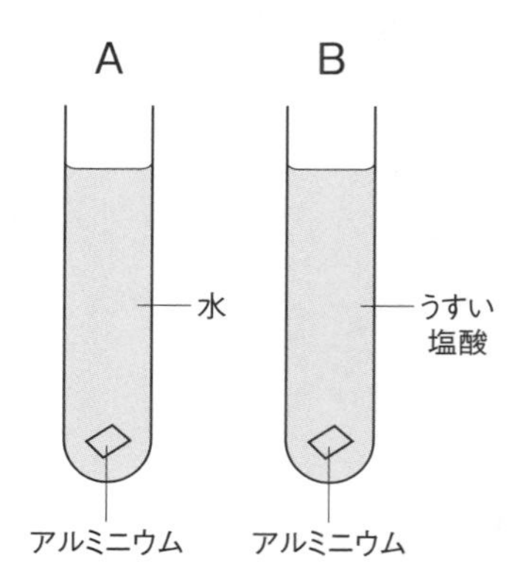

(1) 試験管**A**に水を注いだときのアルミニウムのようすとして正しいものを，次の**ア**，**イ**から選びましょう。

ア　さかんにあわを出してとけた。

イ　変化が見られなかった。

(2) 試験管**B**にうすい塩酸を注いだときのアルミニウムのようすとして正しいものを，(1)の**ア**，**イ**から選びましょう。

(　　　　　)

(3) 試験管**B**にできた水溶液（すいようえき）を加熱して水を蒸発（じょうはつ）させると，どうなりますか。正しい文に○をつけましょう。

①(　　　)何も残らない。

②(　　　)白色の固体が出てくる。

③(　　　)黄色の固体が出てくる。

(4) うすい塩酸のはたらきについて，正しいものを次の**ア**～**ウ**から選びましょう。　(　　　　　)

ア　金属をとかしたり，変化させたりしない。

イ　金属をとかすが，変化させたりはしない。

ウ　金属をとかして，別の物に変化させる。

水溶液の性質とはたらき
水溶液と金属

▶▶▶ 答えは別冊12ページ

（1）1問10点　（2）20点　（3）1問20点

点数　　点

1 アルミニウム，うすい塩酸にアルミニウムがとけた液から出てきた固体，鉄，うすい塩酸に鉄がとけた液から出てきた固体の性質を調べました。あとの問題に答えましょう。

	アルミニウム	アルミニウムがとけた液から出てきた固体	鉄	鉄がとけた液から出てきた固体
色	うすい銀色	白色	こい銀色	黄色
うすい塩酸を注ぐと	あわを出してとける。	①	あわを出してとける。	あわを出さずにとける。
水を注ぐと	とけない	とける	②	とける
電気を通すと	通す	通さない	通す	③
磁石（じしゃく）を近づけると	④	つかない	つく	つかない

（1）表の①～④にあてはまる結果をそれぞれかきましょう。

①（　　　　　　　　）②（　　　　　　　　）

③（　　　　　　　　）④（　　　　　　　　）

（2）この実験から，うすい塩酸にはどんなはたらきがあることがわかりますか。簡単（かんたん）にかきましょう。

（　　　　　　　　　　　　　　　　）

◇チャレンジ◇

（3）うすい塩酸のかわりにうすい水酸化ナトリウム水溶液（すいようえき）をアルミニウムと鉄に注ぐと，どうなりますか。それぞれ答えましょう。

アルミニウム（　　　　　　　　　　　　）

鉄（　　　　　　　　　　　　）

水溶液の性質とはたらきのまとめ

▶▶▶ 答えは別冊12ページ

(1)(2)1問20点　(3)1問15点　(4)1問15点

点

1 **試験管①～⑤に，石灰水(せっかいすい)，食塩水，炭酸水，アンモニア水，うすい塩酸のいずれかが入っています。次の問題に答えましょう。**

石灰水，食塩水，炭酸水，アンモニア水，うすい塩酸

水を蒸発(じょうはつ)させると…

- 固体が残る → 試験管①，③
- 何も残らない → においをかぐと…
  - においがある → 試験管②，④
  - においがない → 試験管⑤

(1) 試験管②，④，⑤の水溶液(すいようえき)は，蒸発させるとも何も残らないのはなぜですか。(　　　　　　　　　　)

(2) 試験管⑤にはどの水溶液が入っていると考えられますか。

(　　　　　　　　　　)

(3) 試験管②,④に入っている水溶液を青色のリトマス紙につけると，試験管②のリトマス紙は赤色になりましたが，試験管④のリトマス紙は変化しませんでした。試験管②，④にはどの水溶液が入っていると考えられますか。

試験管②(　　　　　　　　　　)　試験管④(　　　　　　　　　　)

(4) 試験管①,③に入っている水溶液を赤色のリトマス紙につけると，試験管①のリトマス紙は青色になりましたが，試験管③のリトマス紙は変化しませんでした。試験管①，③にはどの水溶液が入っていると考えられますか。

試験管①(　　　　　　　　　　)　試験管③(　　　　　　　　　　)

48 水溶液の性質とはたらきのまとめ
どんな絵が出てくるかな？

答えは別冊12ページ

酸性に関係のある内容に色をぬりましょう。
どんな絵が出てくるかな。

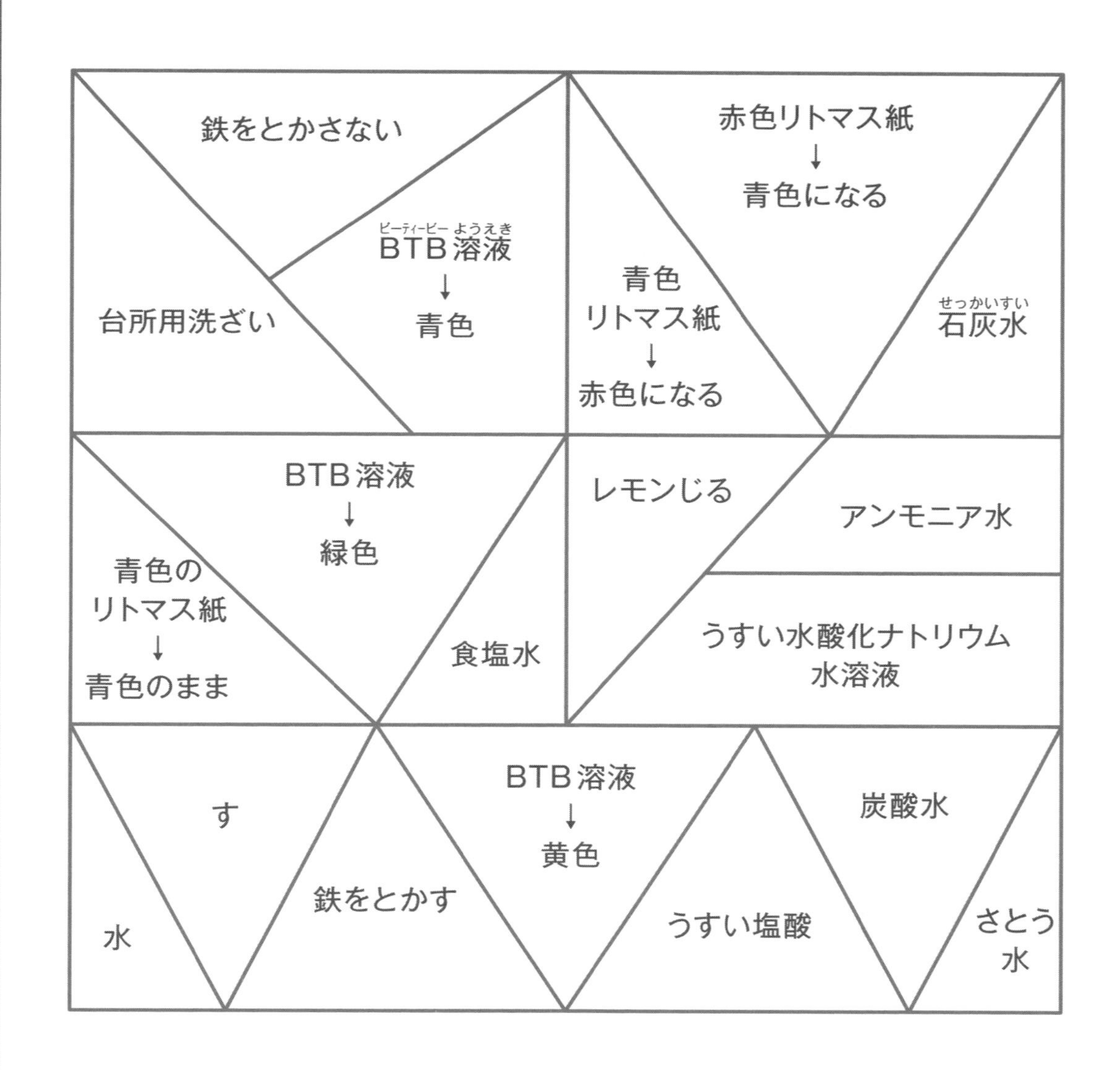

太陽と月の形

太陽と月

▶▶▶ 答えは別冊13ページ

点数　　点

①～⑥：1問10点　⑦⑧：20点

覚えよう

太陽と月の特ちょうについて，次の□にあてはまる言葉をかきましょう。

	太陽	月
写真		
形	①	②
表面のようす	たえず強い光を出している。	③　や④　などでおおわれている。
光り方	自分で強い光を出して光っている。	⑤　の光を⑥　して光っている。（⑥：自ら光を出さない。）

・月の表面には，石や岩がぶつかってできた⑦　とよばれる円形のくぼみがたくさんある。

ことばのかくにん

・⑧　：月の表面にある，円形のくぼみのこと。

太陽と月の形
太陽と月

練習

▶▶▶ 答えは別冊13ページ

(1)～(6)1問10点　(7)1問20点

点数　　　点

1 **太陽と月の特ちょうについて，次の問題に答えましょう。**

(1) 太陽はどんな形をしていますか。　(　　　　　　)

(2) 月はどんな形をしていますか。　(　　　　　　)

(3) 光って見えるところと暗いところがあるのは，太陽ですか。月ですか。　(　　　　　　)

(4) 表面が岩や砂(すな)などでおおわれているのは，太陽ですか。月ですか。　(　　　　　　)

(5) 右の図は，石や岩がぶつかってできた円形のくぼみです。このようなくぼみを何といいますか。　(　　　　　　)

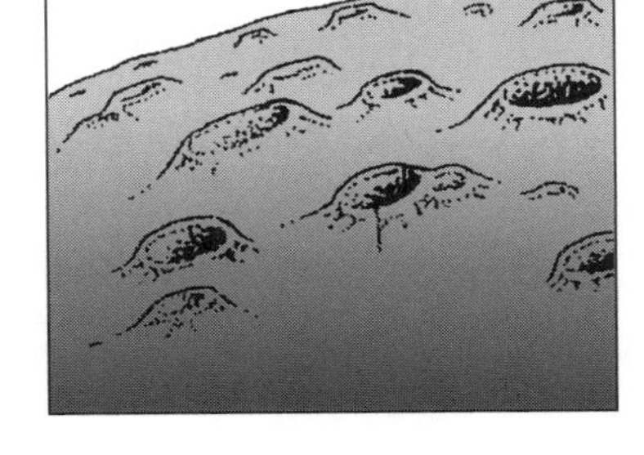

(6) (5)のようなくぼみがあるのは，太陽ですか。月ですか。　(　　　　　　)

(7) 太陽と月は，どのようにして光りますか。次の**ア～ウ**からそれぞれ選びましょう。

太陽(　　　　　)　月(　　　　　)

ア　自分では光を出さず，太陽の光を反射(はんしゃ)して光っている。
イ　自分では光を出さず，月の光を反射して光っている。
ウ　自分で強い光を出して光っている。

51 太陽と月の形
月の形の変化①

 答えは別冊13ページ 

1問10点　　　　点

覚えよう

次の□に，月の形の名前をかきましょう。

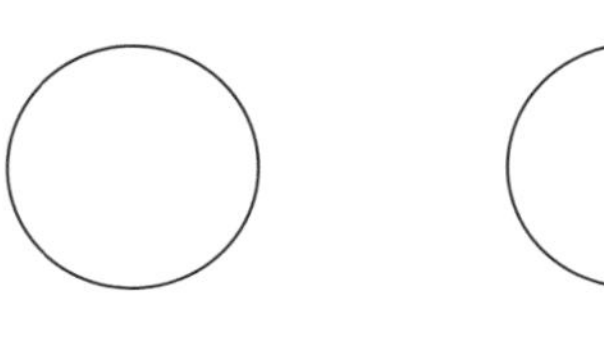

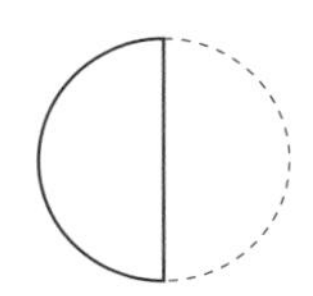

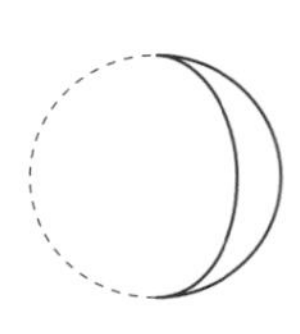

①から数えて約7日後。

③から数えて3日後なので，このようによばれる。

考えよう

9月11日から9月23日まで，日ぼつ直後の月の形と位置を調べました。
次の□にあてはまる言葉をかきましょう。
ただし，⑤，⑥には方位が入ります。

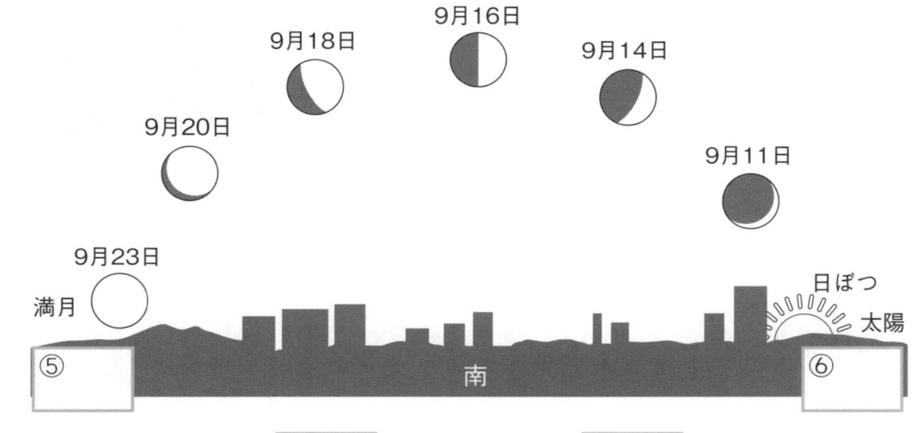

・日ぼつ直後，満月は⑦□の空，半月は⑧□の空に見える。

・月は，日によって，⑨□が変わって見え，見える⑩□も変わる。

太陽と月の形
月の形の変化①

答えは別冊13ページ

1：全部正解で25点　**2**：1問25点

1 **次の月の形と名前を線で結びましょう。**

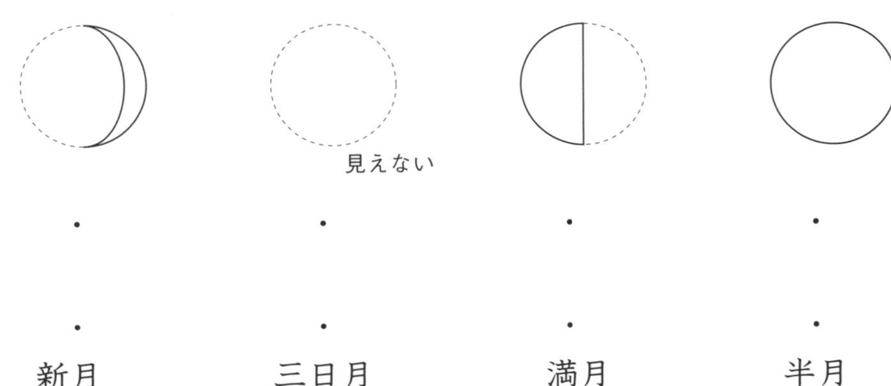

2 **右の図は，9月のある日の日ぼつ直後に観察した月をスケッチしたものです。次の問題に答えましょう。**

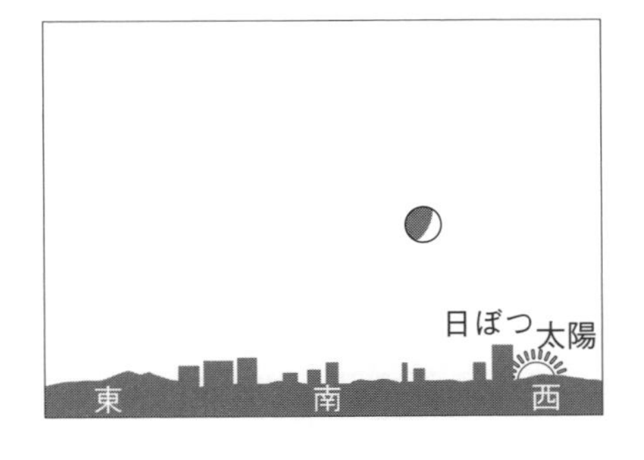

(1) 日ぼつ直後に，南の空に半月が見えるのは，この日よりも前ですか。後ですか。（　　　）

(2) 日ぼつ直後に満月が見えたとき，満月はどこに見えますか。次の**ア**～**ウ**から選びましょう。（　　　）

ア　東の空　　**イ**　南の空　　**ウ**　西の空

(3) 日によって変わるのは，月の何と何ですか。次の**ア**～**ウ**から2つ選びましょう。（　　　，　　　）

ア　色　　**イ**　形　　**ウ**　見える位置

太陽と月の形
月の形の変化②

答えは別冊13ページ

点数　点

1問10点

覚えよう！

太陽に見立てた電灯と月に見立てたボールを使って，太陽と月の位置関係について調べました。次の□にあてはまる言葉をかきましょう。

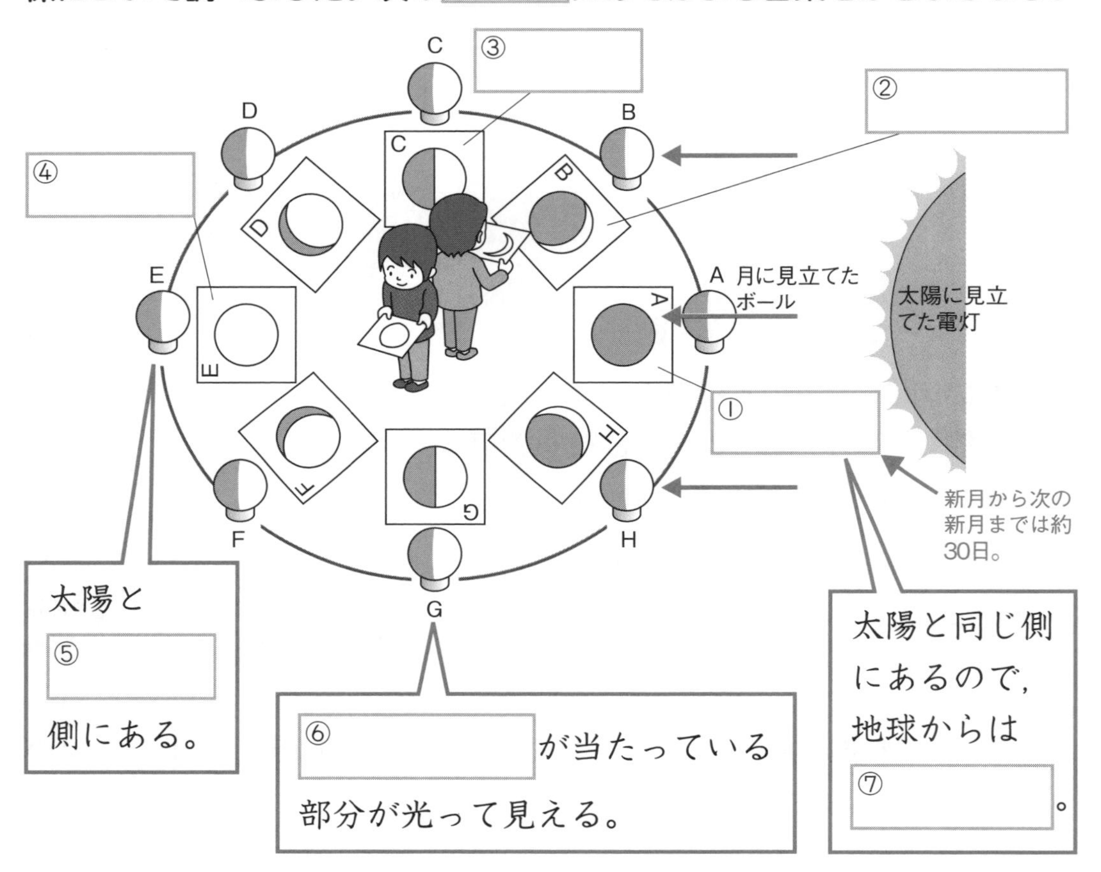

・太陽は，月の⑧□側にある。

・月の形が日によって変わって見えるのは，⑨□と月の位置関係が毎日少しずつ変わっていくからである。

・月の見え方は，約⑩□でもとにもどる。

54

太陽と月の形

月の形の変化②

練習

▶▶▶ 答えは別冊14ページ

1 :1問20点　2 (1)1問10点　(2)10点

点数　　点

1 太陽と月の位置関係について，次の問題に答えましょう。

(1) 太陽と同じ側にあって，地球からは見えない月を何といいますか。
(　　　　　　　　)

(2) 太陽の反対側にある月を何といいますか。
(　　　　　　　　)

(3) 月の右半分が光っているとき，太陽は月の右側，左側のどちらにありますか。
(　　　　　　　　)

2 右の図は，太陽に見立てた電灯と月に見立てたボールを使って，太陽と月の位置関係をまとめたものです。次の問題に答えましょう。

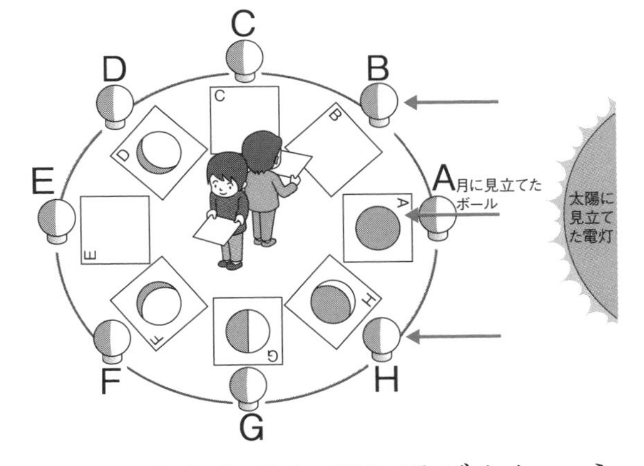

(1) 月がB，C，Eの位置にあるとき，地球から見た月はどんな形をしていますか。**ア～オ**からそれぞれ選びましょう。

B(　　　　　)　C(　　　　　)　E(　　　　　)

ア　イ　ウ　エ　オ

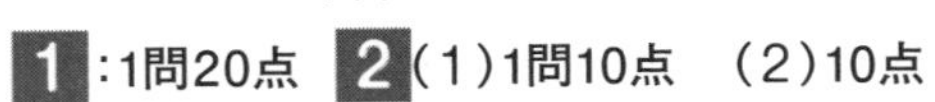

見えない

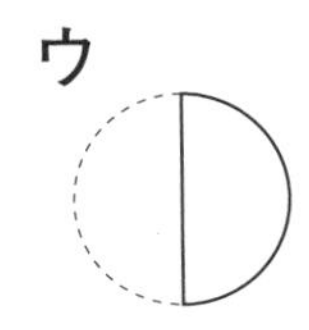

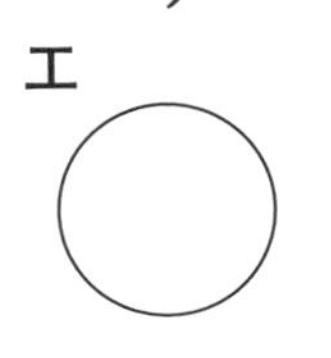

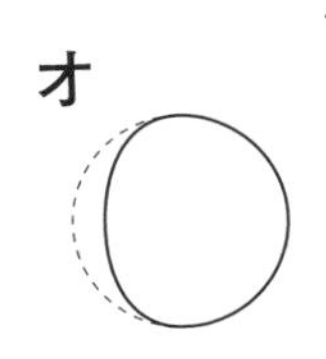

(2) 日によって，月の形が変化して見えるのはなぜですか。下の(　)にあてはまるように答えましょう。

日によって，(　　　　　　　　　　　　　　　　)

55 太陽と月の形のまとめ

▶▶▶ 答えは別冊14ページ

（1）～（4）1問10点　（5）～（7）1問20点

点数　点

1 月の形の変化について，次の問題に答えましょう。

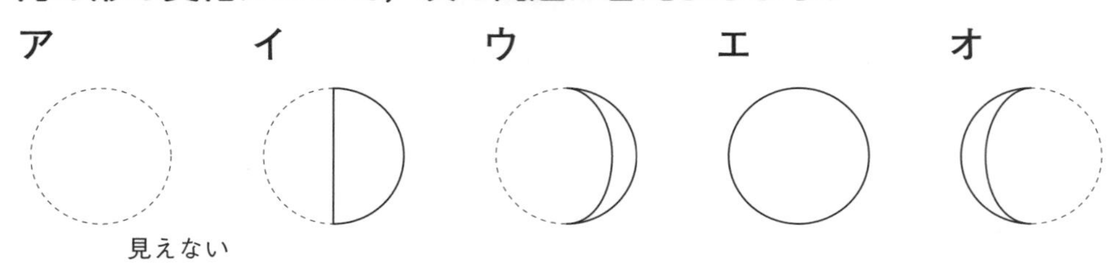

（1） **ア**～**オ**を，**ア**をはじめとして月の形が変化していく順に並(なら)べましょう。（ア→　→　→　→　）

（2） **ウ**の月を何といいますか。（　）

（3） **ア**の月が地球から見えないのはなぜですか。
（　）

（4） **オ**の月には，太陽の光が右側，左側のどちらから当たっていますか。（　）

（5） **ア**～**オ**のうち，日ぼつ直後に西の空に見えるのはどれですか。
（　）

（6） **イ**の月が南の空に見えるのは，日の出のころ，日ぼつのころのどちらですか。（　）

チャレンジ

（7） 太陽は，月とちがって形が変化して見えることはありません。それはなぜですか。簡単(かんたん)にかきましょう。
（　）

太陽と月の形のまとめ

月のめいろ

答えは別冊14ページ

月の形が変化する順にたどってゴールを目指しましょう。
ただし，ななめには進めません。

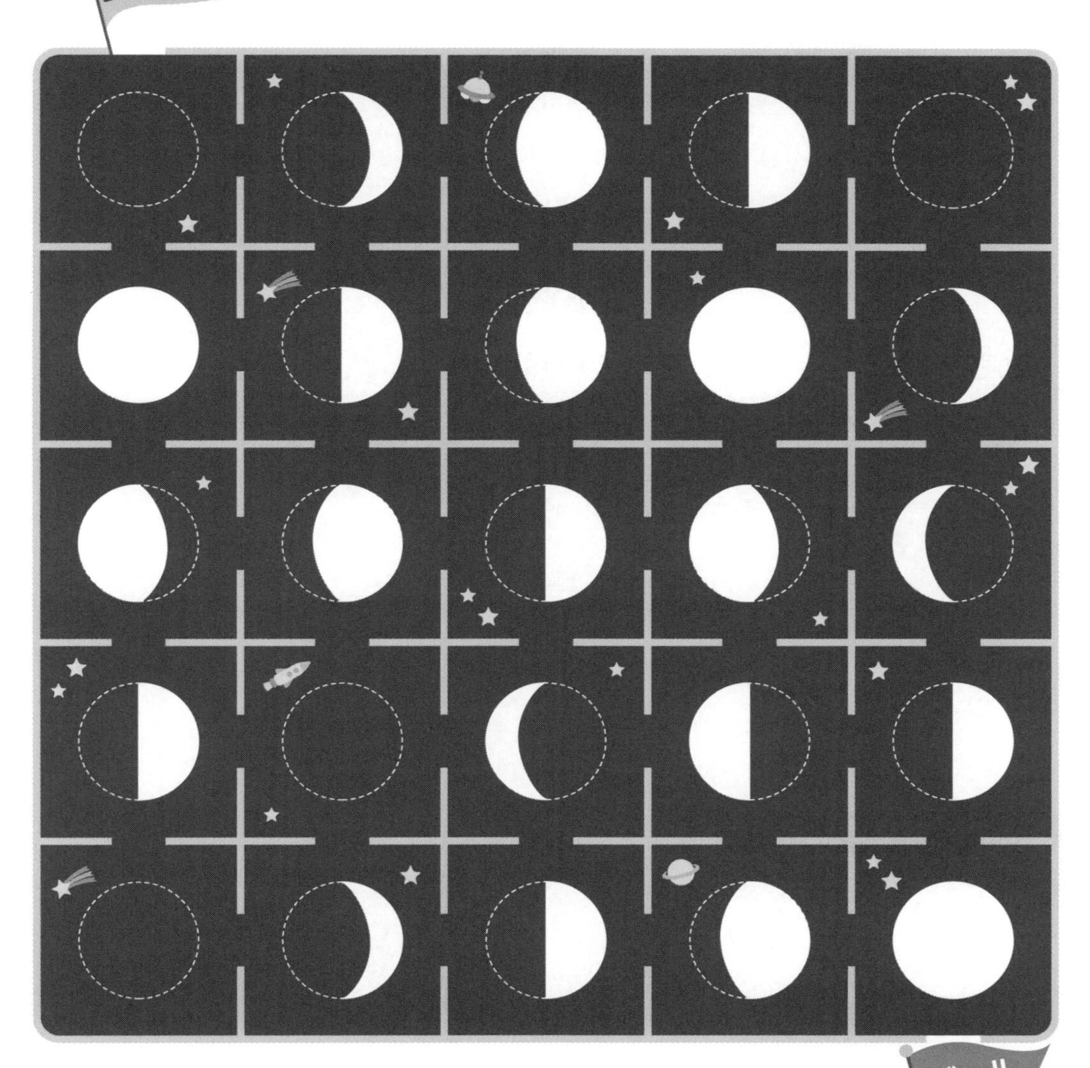

大地のつくりと変化
大地のようすと地層

理解

▶▶▶ 答えは別冊14ページ

①～⑥：1問10点　⑦⑧：1問20点

点

覚えよう

次の□にあてはまる言葉をかきましょう。

＜がけの観察＞

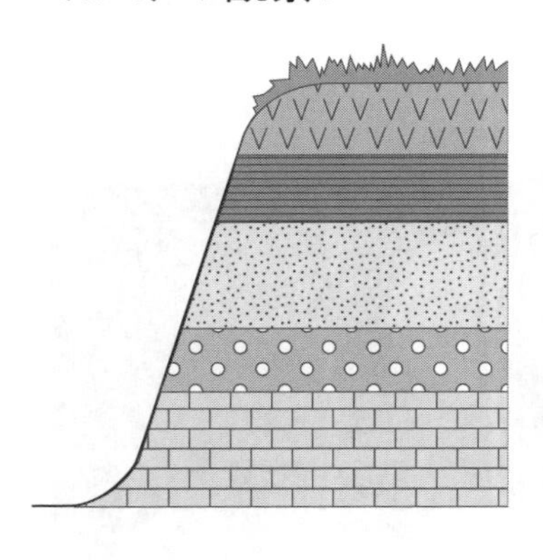

・左の図のような，いろいろなつぶが層になって重なった物を①□という。

・地層がしま模様に見えるのは，つぶの色や大きさがちがう②□(石)や砂，③□などが層になって積み重なっているからである。

・れき，砂，どろをつぶの大きい順に並べると，

大きい ←── つぶの大きさ ──→ 小さい

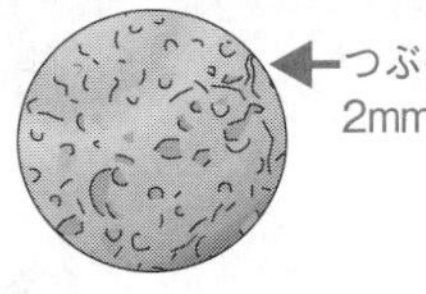

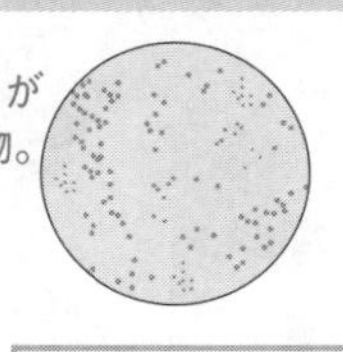

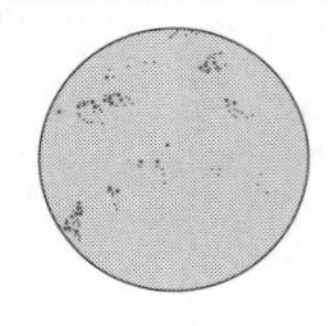

④□　⑤□　⑥□

となる。

ことばのかくにん

・⑦□：れき(石)，砂，どろなどが重なって層のようになった物。

・⑧□：いくつかの場所で，地下深くの土や岩石をほり出して，地下のようすを調べること。

大地のつくりと変化
大地のようすと地層

▶▶▶ 答えは別冊15ページ

1問20点

1 右の図は，あるがけのようすを観察したものです。次の問題に答えましょう。

(1) 右の図のように，いろいろなつぶが層(そう)になって重なっている物を何といいますか。　(　　　　　)

(2) れきとはどんなものですか。次の**ア**～**エ**から選びましょう。

(　　　　　)

ア　つぶの色が白っぽい物
イ　つぶの色が黒っぽい物
ウ　つぶの大きさが2mm以上の物
エ　つぶの大きさが2cm以上の物

(3) れき，どろ，砂(すな)を，つぶの大きさが小さい順に並(なら)べましょう。

(　　　　→　　　　→　　　　)

(4) 建物などを建てるときに，地下のようすを調べるため，地下深くの土や岩石をほり出した物を何といいますか。

(　　　　　)

(5) 右の図は，がけを観察するときの服そうを表したものですが，1つたりないものがあります。それは何ですか。

(　　　　　)

大地のつくりと変化
地層のでき方

理解

▶▶▶ 答えは別冊15ページ

点数　点

①〜⑥：1問15点　⑦：10点

覚えよう！

地層（ちそう）のでき方を示した図と文の［　　］にあてはまる言葉をかきましょう。

・地層の多くは，① ［　　　　］のはたらきによって上流から② ［　　　　］されたれき，砂（すな），どろが，湖や海の底に③ ［　　　　］することでできる。

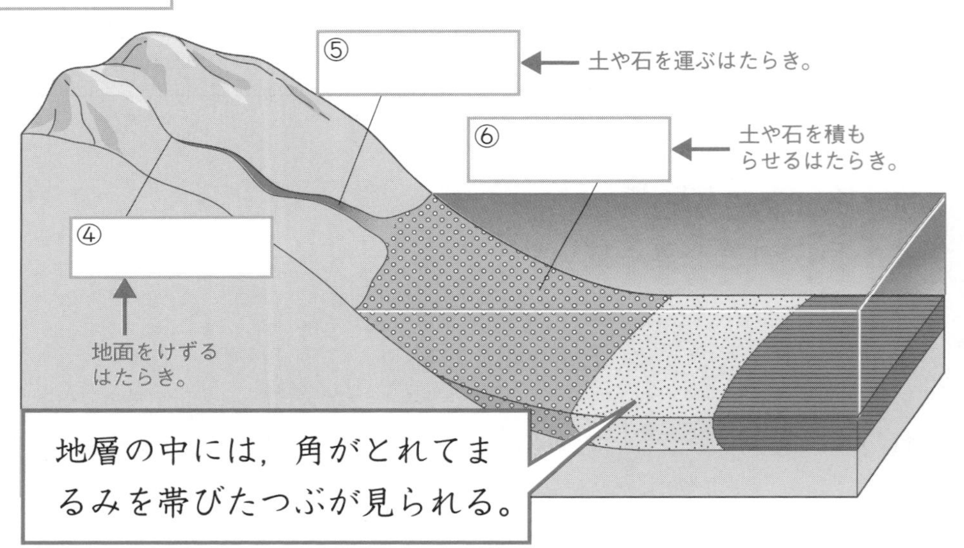

・地層の中には，火山のふん火で出た⑦ ［　　　　］などが降（ふ）り積もってできたものもある。

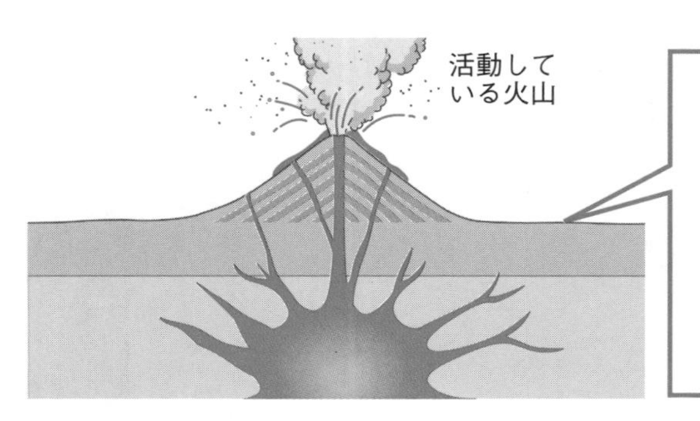

火山のはたらきでできた地層の中には，ごつごつと角ばったつぶや小さなあながたくさんあいた石が見られることがある。

勉強した日　　月　　日

大地のつくりと変化

地層のできかた

▶▶▶ 答えは別冊15ページ

1:1問10点　**2**:1問25点

点

1 流れる水のはたらきでできる地層について，次の問題に答えましょう。

(1) 流れる水が土や石を積もらせるはたらきを何といいますか。

（　　　　　　　）

(2) 流れる水が土や石を運ぶはたらきを何といいますか。

（　　　　　　　）

(3) 流れる水が地面をけずるはたらきを何といいますか。

（　　　　　　　）

(4) 地層は，(1)～(3)のはたらきによってできます。(1)～(3)を，地層をつくる順になるように並べ，番号で答えましょう。

（　　　　→　　　　→　　　　）

(5) 流れる水のはたらきによってできる地層のつぶの特ちょうとして正しいものを，次の**ア**，**イ**から選びましょう。（　　　　）

ア　つぶが角ばっている。　　**イ**　つぶがまるみを帯びている。

2 火山のはたらきでできる地層について，次の問題に答えましょう。

(1) 火山の噴火でふき出す細かいつぶを何といいますか。

（　　　　　　　）

(2) 火山のはたらきでできる地層のつぶの特ちょうとして正しいものを，次の**ア**，**イ**から選びましょう。（　　　　）

ア　つぶが角ばっている。　　**イ**　つぶがまるみを帯びている。

大地のつくりと変化

地層のでき方

1 **空きびんに，れき，砂(すな)，どろ，水をいっしょに入れてよくふった後，しばらく置いておくと，右の図のようになりました。次の問題に答えましょう。**

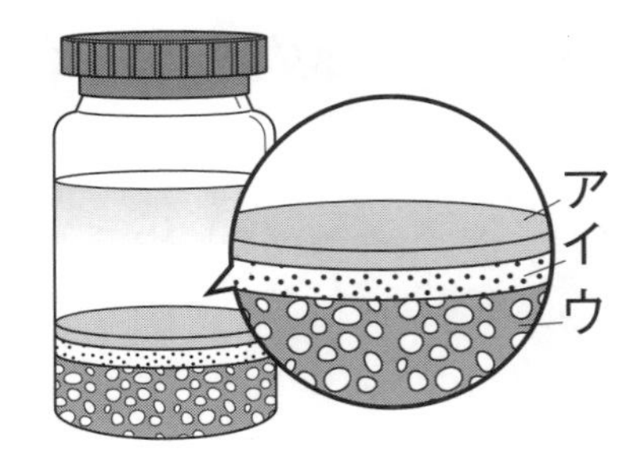

(1) れき，砂，どろの層は，図の**ア**～**ウ**のそれぞれどれですか。

れき（　　　　）　砂（　　　　）　どろ（　　　　）

(2) この実験は，水の何というはたらきについて調べようとしたものですか。（　　　　）

(3) この実験からわかることを，次の**ア**～**ウ**から選びましょう。（　　　　）

ア　つぶの小さいものから順にしずむ。
イ　つぶの大きいものから順にしずむ。
ウ　しずむ順番に，つぶの大きさは関係しない。

2 **右の図は，あるがけをスケッチしたものです。次の問題に答えましょう。**

A 火山灰(かざんばい)の層
B どろの層
C 細かい砂の層
D れきの層
E 灰色の砂の層

(1) A～Eの層(そう)のうち，火山のはたらきでできた層はどれですか。記号でかきましょう。（　　　　）

(2) B，C，Dの層にふくまれているつぶの大きさを比べたとき，つぶの大きさがいちばん大きいのはどの層ですか。記号でかきましょう。（　　　　）

大地のつくりと変化

地層からわかること

▶▶▶ 答えは別冊16ページ

点数　　点

①～⑥：1問10点　⑦⑧：1問20点

覚えよう！

地層（ちそう）をつくっている物から，地層ができたときのようすがわかります。
次の□にあてはまる言葉をかきましょう。

地層をつくっている物	①□岩	②□岩	でい岩
特ちょう	たくさんのれきが砂（すな）などで固められてできた岩石	砂が固まってできた岩石	③□などの細かいつぶが固まってできた岩石
わかること	このような岩石が積み重なっている地層は，④□のはたらきでできたこと。		

地層をつくっている物	火山灰（かざんばい）	⑥□
特ちょう	⑤□の噴火（ふんか）でふき出した物	大昔の生き物のからだや，生活のあとが残った物
わかること	火山の噴火があったこと。	地層ができた年代。 地層ができたときの環境（かんきょう）。

・少しはなれた地層どうしでも，似ている層をもとにして比べると，地層のつながりを知ることが⑦□。

ことばのかくにん

・⑧□：大昔の生き物のからだや，生活のあとが残った物。地層ができた年代や環境を知る手がかりになる。

大地のつくりと変化
地層からわかること

練習

答えは別冊16ページ

1問25点

1 **右の図は，ある地域の2つの地点で地下のようす調べたものです。次の問題に答えましょう。**

A　C

れきの層
火山灰の層
どろの層
砂の層

(1) この地下のようすからわかる，この地域で昔起こったこととして正しいものを，次の**ア**～**エ**から選びましょう。　(　　　　)

ア　地しん　　**イ**　火事　　**ウ**　こう水　　**エ**　火山の噴火

(2) れきの層ができたころ，この地域はどんなところでしたか。次の**ア**～**ウ**から選びましょう。　(　　　　)

ア　山の頂上　　**イ**　海岸から遠い海の底　　**ウ**　川の河口

◇チャレンジ◇

(3) A地点の砂の層から，サンゴの化石が見つかりました。砂の層ができたころのこの地域の環境として正しいものを，次の**ア**～**エ**から選びましょう。　(　　　　)

ア　つめたくて深い海　　**イ**　つめたくて浅い湖
ウ　あたたかくて浅い海　　**エ**　あたたかくて深い湖

◇チャレンジ◇

(4) A地点とC地点の地層の間にあるB地点の地下のようすとして正しいものを，右の**ア**～**エ**から選びましょう。　(　　　　)

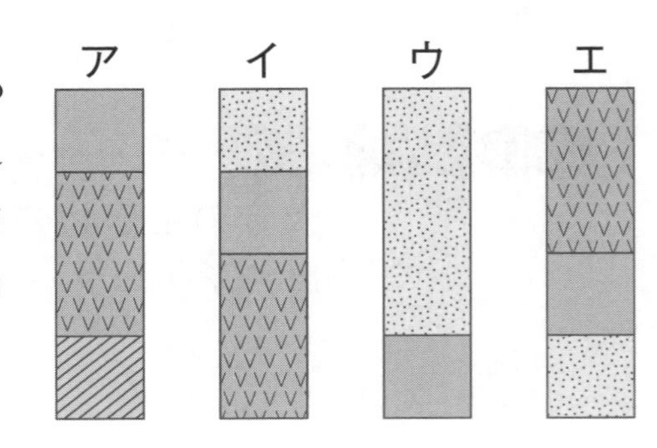

大地のつくりと変化
火山

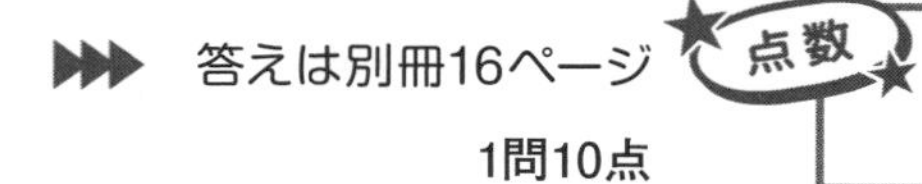

1問10点

覚えよう！

火山について，次の［　　］にあてはまる言葉をかきましょう。

・火山が噴火（ふんか）すると，火口（かこう）から熱いどろどろとした［①　　］が流れ出て，［②　　］などがふき出してくる。

［③　　］　［④　　］

昭和新山（しょうわしんざん）（北海道）　洞爺湖（どうや）（北海道）

・火山活動が起きると，［⑤　　］ができたり，川がせきとめられて［⑥　　］ができたりするなど，大地のようすが大きく変化することがある。また，人びとの生活に大きなえいきょうをあたえることもある。

右の［　　］にあてはまる火山の名前を，〔　　〕から選んで，記号をかきましょう。

〔
ア　有珠山（うすざん）
イ　雲仙普賢岳（うんぜんふげんだけ）
ウ　三宅島（みやけじま）
エ　桜島（さくらじま）
〕

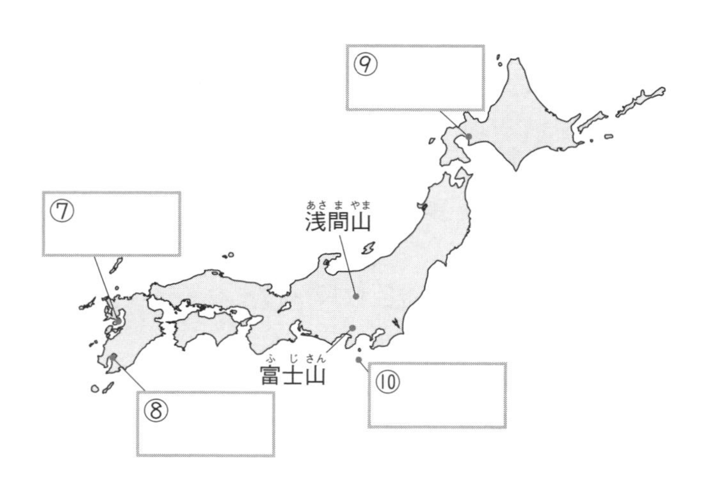

大地のつくりと変化
火山

▶▶▶ 答えは別冊16ページ

(1)1問10点　(2)1問10点　(3)(4)1問10点

1 右の図は，火山の噴火(ふんか)のようすを表しています。次の問題に答えましょう。

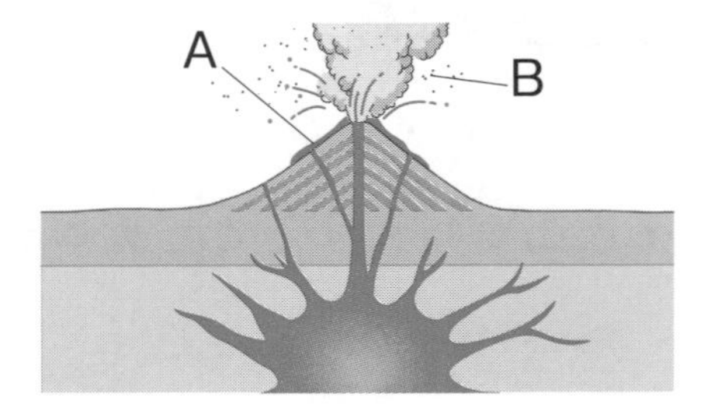

(1) Aは熱くてどろどろとしたもの，Bは噴火によってふき出された細かいつぶです。それぞれにあてはまる名前をかきましょう。

A(　　　　　　)
B(　　　　　　)

(2) 火山の噴火によって起こることがあるものに○，そうでないものに×をかきましょう。

① (　　)海岸に大きな波がおしよせる。
② (　　)川がせきとめられ，新しい湖ができる。
③ (　　)強い風がふき，大雨が降(ふ)る。
④ (　　)田畑が火山灰(かざんばい)でおおわれる。
⑤ (　　)流れ出した溶岩(ようがん)が固まって，新しい山ができる。
⑥ (　　)火口(かこう)に水がたまって，湖ができる。

(3) 2013年からのくり返される噴火によってふき出された溶岩で，大きくなった島の名前をかきましょう。(　　　　　　)

(4) 火山がわたしたちにあたえてくれる利点にあたるものを，次のア～ウから選びましょう。(　　　)

ア 温泉ができる。
イ 秋になると紅葉する。
ウ 冬になると雪が降る。

大地のつくりと変化
地震

答えは別冊16ページ

点数　　点

①〜⑤：1問14点　⑥〜⑧：1問10点

覚えよう！

地震（じしん）について，次の□にあてはまる言葉をかきましょう。

・地震は，①□で大きな力がはたらいて，大地にずれが生じることで起こる。

・大地にできたずれを②□という。

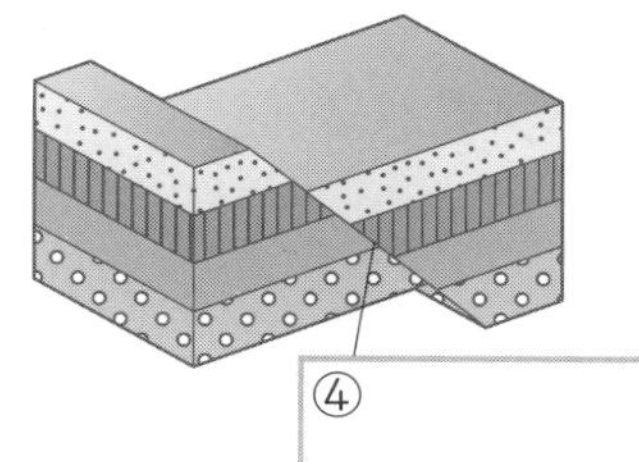

・地震が海底の地下で起こると，③□が発生することがある。

高い波がてい防をこえて流れこむことがある。

・地震によって，山くずれや地割（じわ）れなど，さまざまな⑤□が起こることがある。

過去の例などから，ひ害を予想して地図に表した物をハザードマップという。

山くずれ

ことばのかくにん

・⑥□：大地のずれ。これによって地震が起こる。

・⑦□：大きな地震が起きたときに，土地が液体のようになること。

・⑧□：大きな地震が起きたときに，各地のゆれの大きさを予想し，できるだけ早く知らせるための情報。

勉強した日　　月　　日

67 大地のつくりと変化
地震

練習

▶▶▶ 答えは別冊17ページ　　点数　　点

1問25点

1 **右の図は，地震を起こす大地のずれを表したものです。次の問題に答えましょう。**

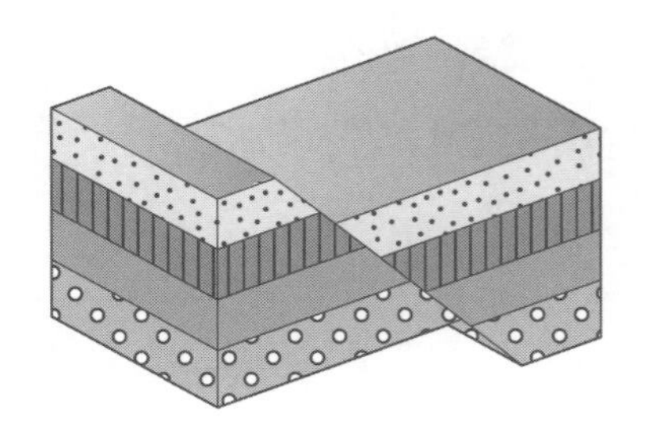

(1) 右の図のような，地震を起こす大地のずれを何といいますか。

(　　　　)

(2) (1)は，どのようにしてできますか。(　　)にあてはまる言葉をかきましょう。

地下で(　　　　　　　)がはたらいてできる。

(3) 地震がどこで起こると，津波が発生することがありますか。

(　　　　)

(4) 次の**ア**～**ク**のうち，地震によって起こることがあるものをすべて選びましょう。(　　　　　　　　　)

ア　大地に地割れができる。
イ　こう水が起こる。
ウ　溶岩が流れ出して川がせき止められる。
エ　田畑が火山灰でおおわれる。
オ　建物や道路がこわれる。
カ　強い風がふき，大雨が降る。
キ　溶岩が固まって，新しい山ができる。
ク　山くずれが起こる。

68 大地のつくりと変化のまとめ

▶▶▶ 答えは別冊17ページ

1問20点

1 右の図は，近くにあるA，B，Cの3つの地点で地下のようすを調べたときのものです。次の問題に答えましょう。

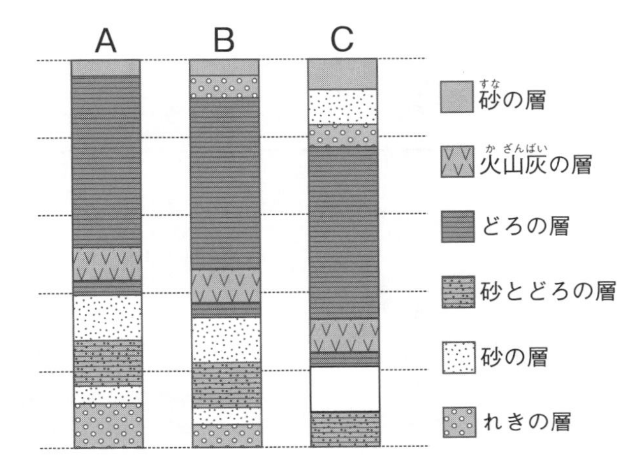

(1) 上の図のように，つぶが層(そう)になって重なってしま模様(もよう)のようになっている物を何といいますか。（　　　　　）

(2) 火山灰(かざんばい)の層ができたとき，どんなことが起こりましたか。簡単(かんたん)にかきましょう。（　　　　　）

(3) どろの層は，どんなところでできましたか。次の**ア**，**イ**から選びましょう。（　　　）

ア　河口に近い海の底　　**イ**　河口から遠い海の底

(4) れきの層から，大昔の魚のからだの一部が残った物が出てきました。このような物を何といいますか。（　　　　　）

(5) C地点の□にあてはまる模様を，上の図を参考にして右の□にかきましょう。

大地のつくりと変化のまとめ

土の中めいろ

▶▶▶ 答えは別冊17ページ

下の問題の答えとして正しい方へ進みましょう。
宝箱を見つけられるかな。

スタート

つぶの大きい方
砂
れき

土や岩石を運ぶはたらき
運ぱん
たい積

火山の噴火によってふき出されたもの
火山灰
化石

断層が生じたときに起こるゆれ
地震
火山

つぶが層になって重なったもの
地層
断層

てこのはたらき
てこのしくみ

答えは別冊17ページ

①～④：1問20点　⑤⑥：1問10点

覚えよう！

次の［　　］にあてはまる言葉をかきましょう。

・棒(ぼう)のある1点を支えとして，棒の一部に力を加えて，物を持ち上げたり，動かしたりする物を，［①　　　］という。

<てこの3つの点>

右の図のようなてこの，支点と作用点の間のきょりと，支点と力点の間のきょりを変えて，手ごたえを調べました。<結果>を完成させましょう。

作用点　支点と作用点の間のきょり　支点　支点と力点の間のきょり
力点
おもり

<結果>

・支点と作用点の間のきょりを［⑤　　　］くすると，小さな力でおもりを持ち上げられる。

・支点と力点の間のきょりを［⑥　　　］くすると，小さな力でおもりを持ち上げられる。

てこのはたらき
てこのしくみ

練習

▶▶▶ 答えは別冊18ページ

(1)1問10点　(2)〜(4)1問15点　(5)25点

1 **てこのしくみについて，次の問題に答えましょう。**

(1) 右の図の①〜③は，支点，力点，作用点のどれですか。

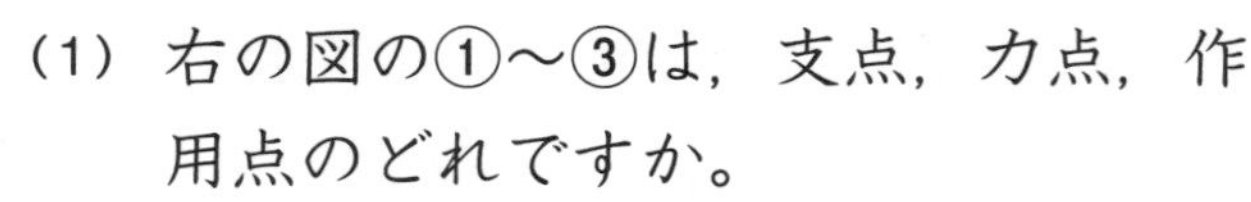

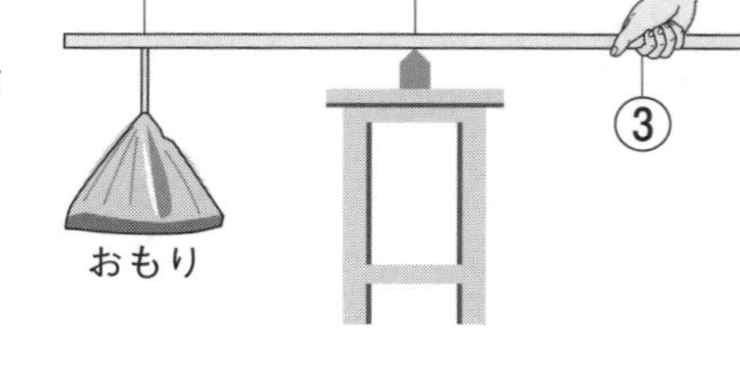

①(　　　　　　)

②(　　　　　　)

③(　　　　　　)

(2) ①〜③のうち，棒(ぼう)から物に力がはたらく点はどこですか。

(　　　　　)

(3) ①〜③のうち，棒を支える点はどこですか。　(　　　　　)

(4) ①〜③のうち，力を加える点はどこですか。　(　　　　　)

(5) おもりをより小さな力で持ち上げるには，どうすればよいですか。次の**ア**〜**カ**から3つ選びましょう。

(　　　　　,　　　　　,　　　　　)

ア　①，②は動かさず，③を右に動かす。
イ　①，②は動かさず，③を左に動かす。
ウ　①，③は動かさず，②を右に動かす。
エ　①，③は動かさず，②を左に動かす。
オ　②，③は動かさず，①を右に動かす。
カ　②，③は動かさず，①を左に動かす。

てこのはたらき
てこのはたらきのきまり

答えは別冊18ページ
①～⑧：1問10点　⑨：20点

覚えよう

次の□にあてはまる言葉をかきましょう。

・てこをかたむけるはたらき…

① □の大きさ×② □からのきょり

〔おもりの重さ〕　〔おもりの位置〕

考えよう

てこをかたむけるはたらきについて調べる実験をしました。<結果>と<まとめ>を完成させましょう。

6 5 4 3 2 1 　1 2 3 4 5 6

10g

<実験>1　実験用てこの左のうでの6に，重さ10gのおもりをつるした。

左のうでのてこをかたむけるはたらき＝10×6＝60

2　てこがつり合うときの，右のうでのおもりの位置とおもりの重さを調べた。

<結果>てこがつり合ったときの右のうでのおもりの位置と重さ

おもりの位置	おもりの重さ
1	③　g
2	30g
④	20g
6	⑤　g

おもりの位置が2，おもりの重さが30gのときの右のうでのてこをかたむけるはたらき

⑥ □×⑦ □

＝⑧ □

<まとめ>

てこがつり合うのは，左のうでのてこをかたむけるはたらきと，

⑨ □が等しいときである。

てこのはたらき
てこのはたらきのきまり

▶▶▶ 答えは別冊18ページ

（1）1問15点　（2）25点

1 **てこをかたむけるはたらきについて，次の問題に答えましょう。ただし，図のてこのかたむきは，正しく表されていません。**

（1）次の①〜③のときの，てこをかたむけるはたらきをそれぞれ求めましょう。

① 左のうでのてこをかたむけるはたらき……　40

右のうでのてこをかたむけるはたらき……　（　　　　）

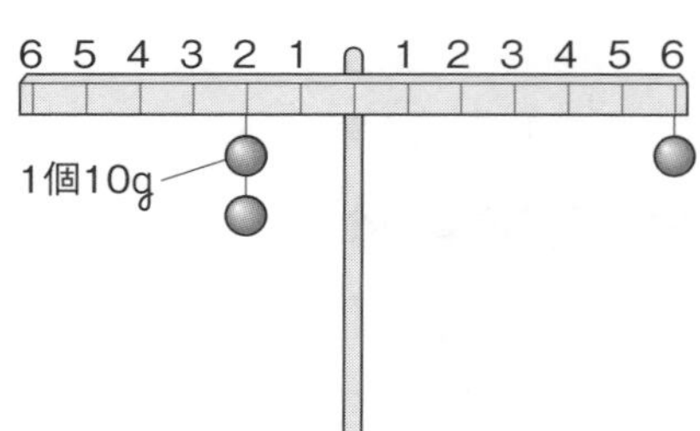

② 左のうでのてこをかたむけるはたらき……　（　　　　）

右のうでのてこをかたむけるはたらき……　（　　　　）

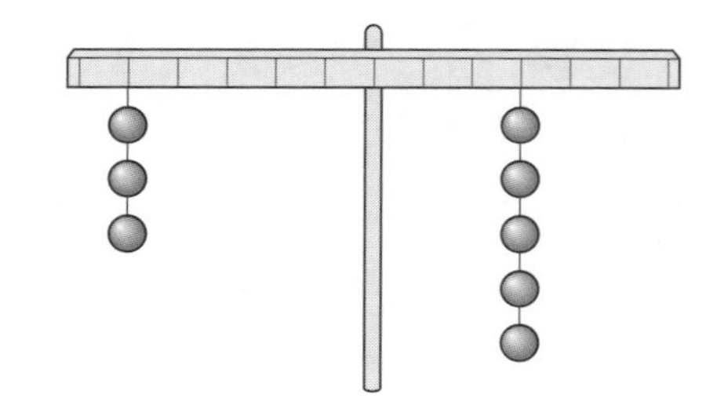

③ 左のうでのてこをかたむけるはたらき……　（　　　　）

右のうでのてこをかたむけるはたらき……　（　　　　）

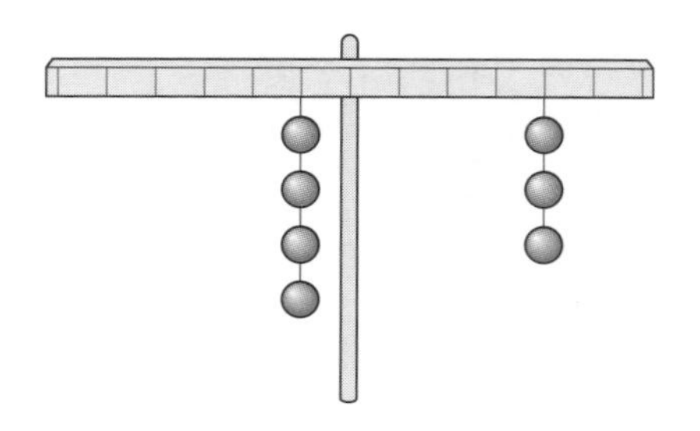

（2）上の①〜③の中で，てこがつり合うものはどれですか。

（　　　　）

てこのはたらき

てこのはたらきのきまり

答えは別冊18ページ

1：1問20点　**2**：20点

1 下の①～④の実験用てこが水平につり合うように，右のうでにおもりをつるします。(　　)にあてはまる数字をかきましょう。

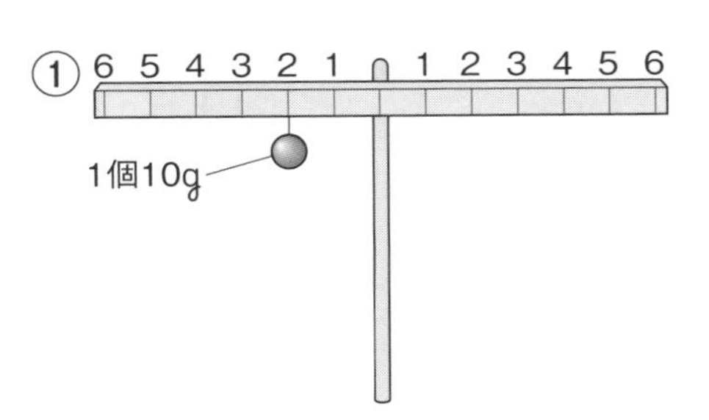

右のうでのおもり
おもりの位置…　1
おもりの重さ…(　　　)g

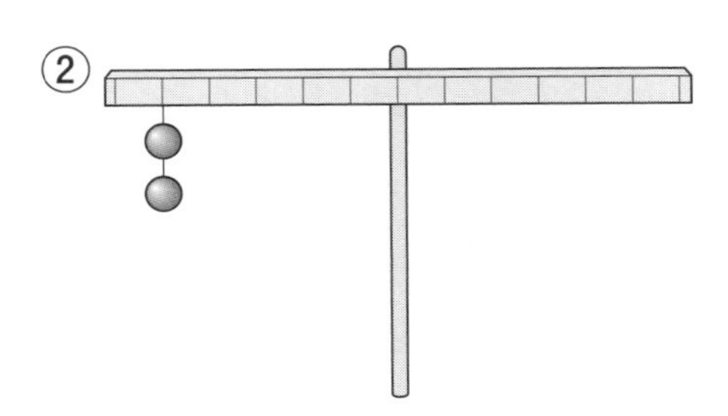

右のうでのおもり
おもりの位置…　5
おもりの重さ…(　　　)g

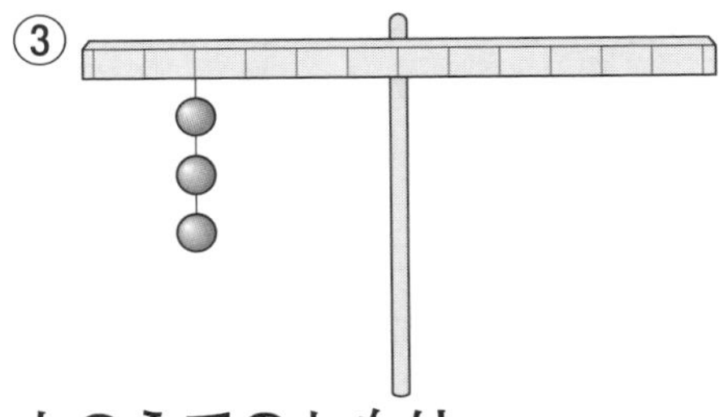

右のうでのおもり
おもりの位置…(　　　)
おもりの重さ…　20g

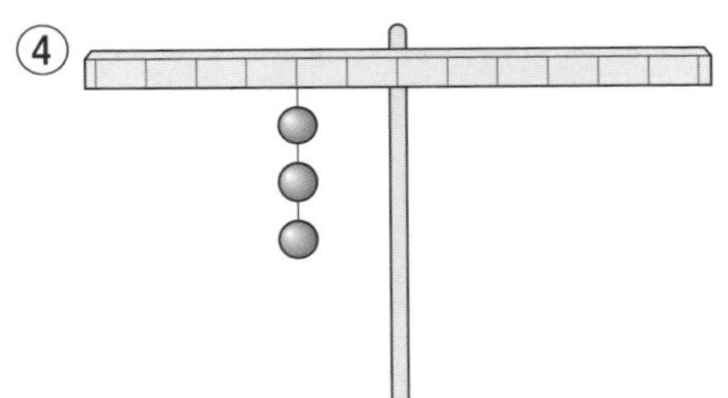

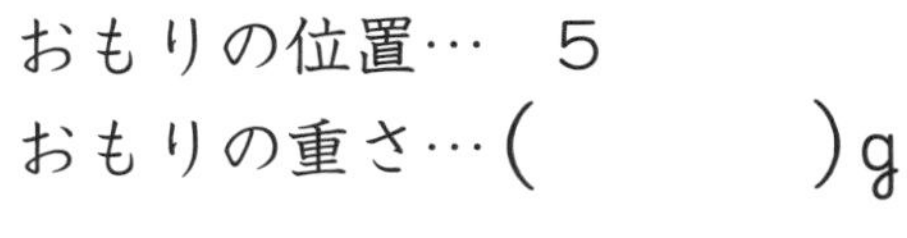

右のうでのおもり
おもりの位置…(　　　)
おもりの重さ…　10g

◆チャレンジ◆

2 右の図のようにおもりをつるした実験用てこがあります。てこに同じおもりをもう1個つるして，水平につり合わせるには，どのようにすればよいですか。図におもりを1個かきましょう。

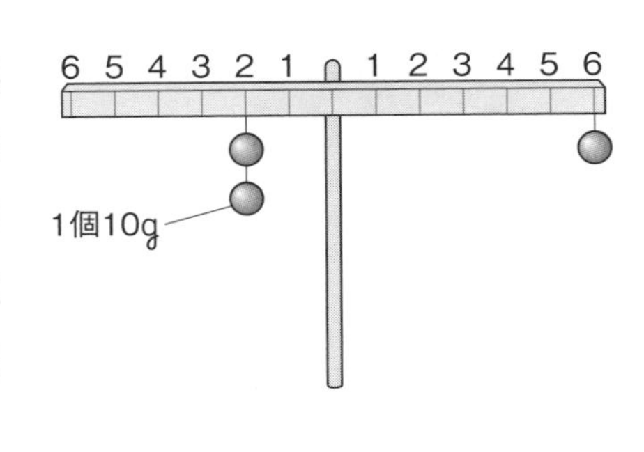

勉強した日　　月　　日

てこのはたらき

上皿てんびんの使い方

▶▶▶ 答えは別冊19ページ

点

①～③：1問20点　④～⑦：1問10点

覚えよう！

上皿てんびんの使い方を覚えましょう。

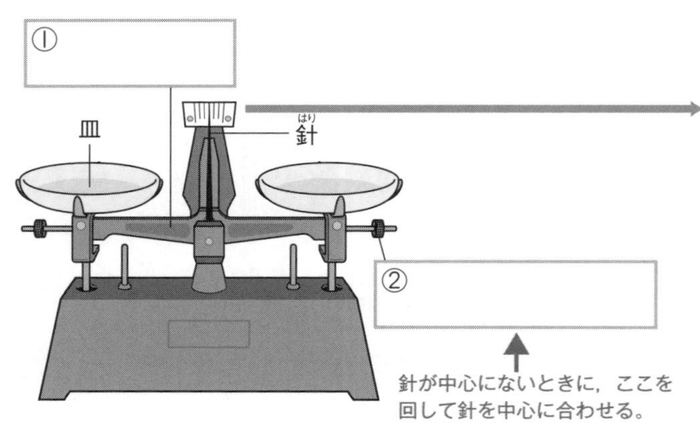

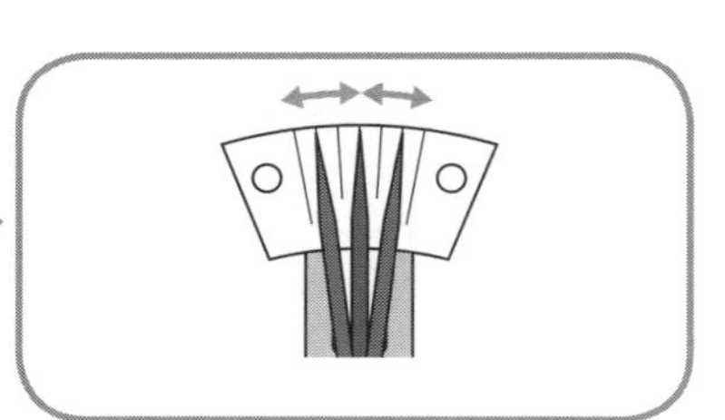

針が中心から左右に ③［　　］ はばでふれるとき，つり合っています。

●物の重さのはかり方（右きき）

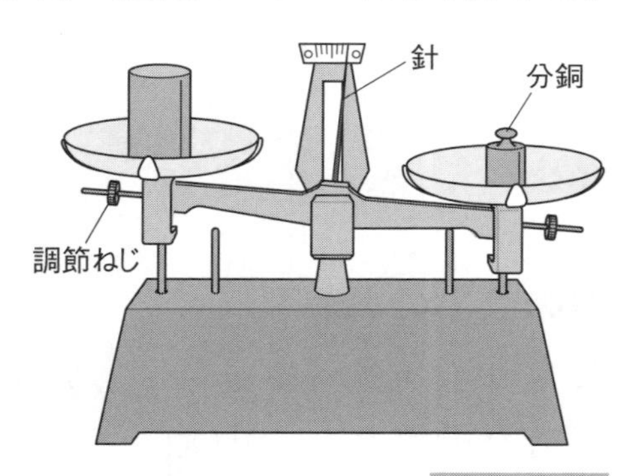

❶ 重さをはかる物を ④［　　］ の皿にのせ，反対の皿に ⑤［　　］ 分銅から順にのせます。

❷ 分銅の方が重いときは，次に重い分銅に変え，つり合わせます。

●粉などのはかりとり方（右きき）

同じ重さの紙　分銅　同じ重さの紙

❶ 左右の皿に，⑥［　　］ 重さの入れ物や紙をのせて，つり合わせます。← 入れ物や紙の重さを考えなくてすむ。

❷ ⑦［　　］ の皿に，はかりとりたい重さの分銅をのせ，反対の皿に粉などを少しずつのせていき，つり合わせます。

てこのはたらき
上皿てんびんの使い方

▶▶▶ 答えは別冊19ページ

1：1問8点 **2**：1問20点

1 **上皿てんびんの使い方として，適当なものには○，適当とはいえないものには×をかきましょう。**

① (　　) 上皿てんびんは水平なところに置いて使う。

② (　　) つり合わせるときは，調節ねじを回して，針（はり）が目盛（めも）りの真ん中で止まるまで待つ。

③ (　　) きれいにあらった手で，分銅を持つ。

④ (　　) 使い終わったら，一方の皿にもう一方の皿を重ねてしまう。

⑤ (　　) 使い終わったら，分銅を水でしめらせた布でふき，分銅の数を確かめてからしまう。

2 **上皿てんびんの使い方について，次の問いに答えましょう。**

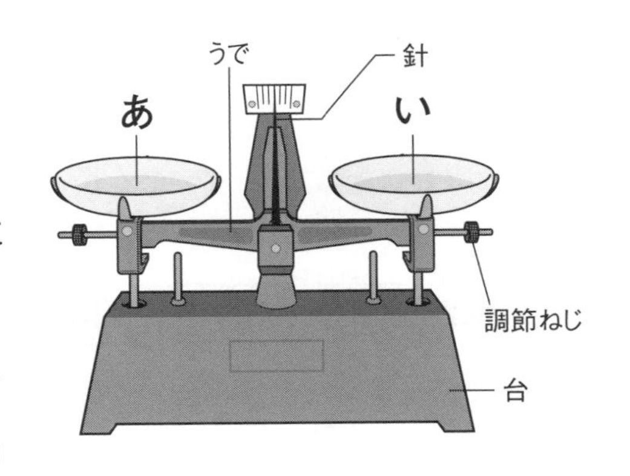

(1) 右ききの人が物の重さをはかるとき，分銅を**あ**・**い**のどちらの皿にのせますか。 (　　)

(2) 分銅ののせ方を**ア**～**ウ**から選びましょう。 (　　)

ア 軽い分銅から順にのせる。 **イ** 重い分銅から順にのせる。
ウ 分銅をのせる順番に決まりはない。

(3) 右ききの人が決まった量の粉をはかりとるとき，分銅を**あ**・**い**のどちらの皿にのせますか。 (　　)

てこのはたらき

てこを利用した道具

答えは別冊19ページ

1問10点

点

次の□にあてはまる言葉をかきましょう。

支点が力点と作用点の間にあるてこ

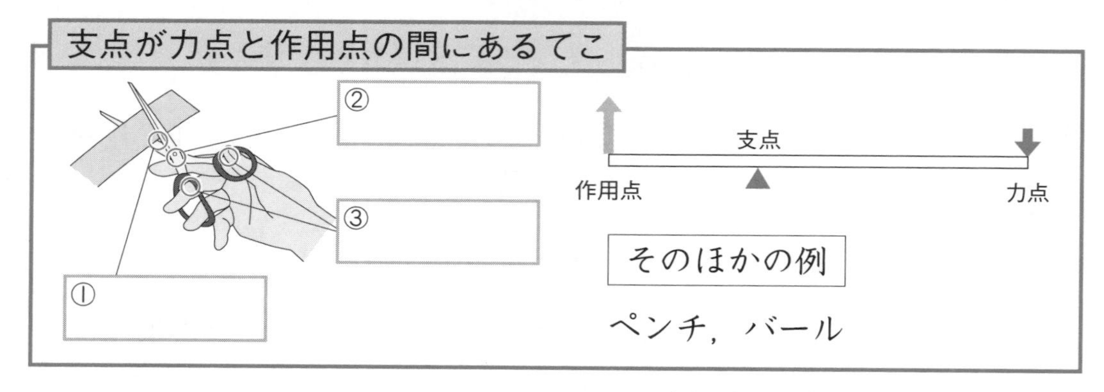

そのほかの例

ペンチ，バール

加えた力よりも大きな力が作用点にはたらく。

作用点が支点と力点の間にあるてこ

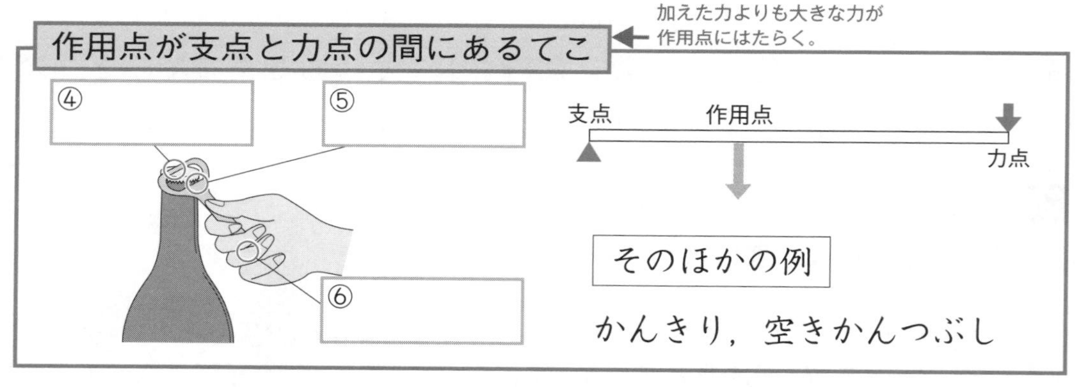

そのほかの例

かんきり，空きかんつぶし

加えた力よりも小さな力が作用点にはたらく。

力点が支点と作用点の間にあるてこ

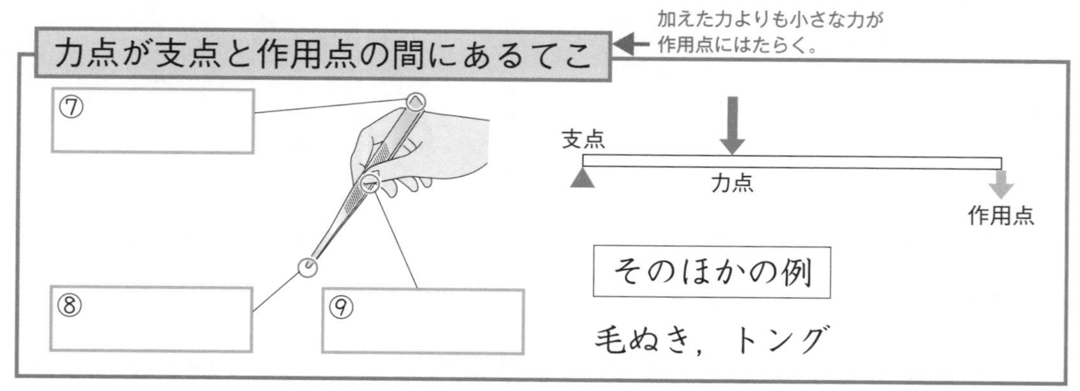

そのほかの例

毛ぬき，トング

・それぞれの道具で，動かないところが⑩□である。

てこのはたらき
てこを利用した道具

▶▶▶ 答えは別冊20ページ

（1）1問10点　（2）1問10点　（3）20点

点数　　点

1 てこのはたらきを利用した道具について，次の問題に答えましょう。

（1） ①，②の□に，支点，力点，作用点のいずれかをかきましょう。

①はさみ　　②せんぬき

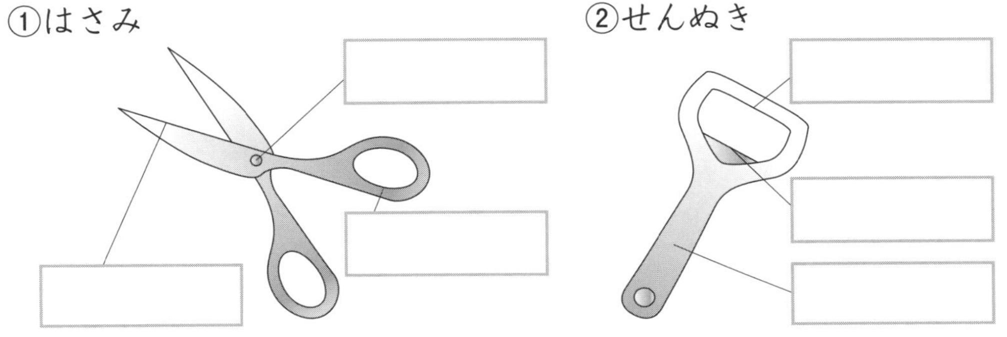

（2） 次の**ア**～**ウ**のうち，てこのはたらきをはさみやせんぬきと同じように利用しているものはどれですか。それぞれ1つずつ選びましょう。

はさみと同じもの（　　　　）
せんぬきと同じもの（　　　　）

ア　カッター（断裁機（だんさいき））　**イ**　ピンセット　**ウ**　バール

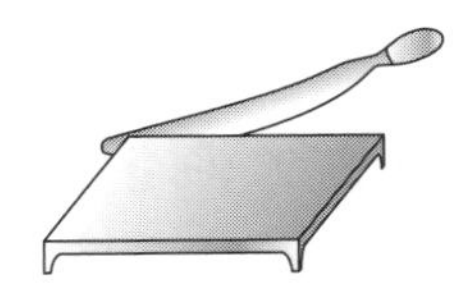
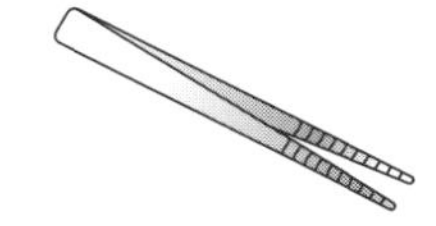
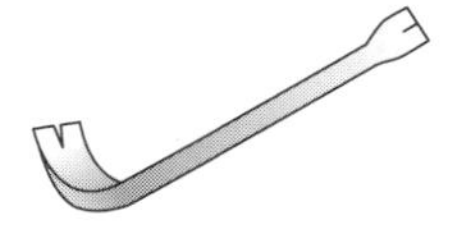

（3） (2)の**イ**のピンセットでは，力点に加えた力が小さくなって作用点にはたらきます。その理由を，次の**ア**～**ウ**から選びましょう。

（　　　　）

ア　作用点が支点と力点の間にあるから。
イ　力点が支点と作用点の間にあるから。
ウ　支点が力点と作用点の間にあるから。

てこのはたらき

てこを利用した道具

▶▶▶ 答えは別冊20ページ

1：(1)1問10点　(2)〜(4)1問15点　(5)25点

1 てこを利用した道具について，次の問題に答えましょう。

(1) 次の①〜③にあてはまる道具を，上のA〜Cから選びましょう。

① 支点が力点と作用点の間にあるてこ　(　　　)

② 作用点が支点と力点の間にあるてこ　(　　　)

③ 力点が支点と作用点の間にあるてこ　(　　　)

(2) 作用点に加わる力が，いつも力点に加わる力よりも大きくなるのは，A〜Cのどれですか。　(　　　)

(3) 次の文は，(2)の理由を説明したものです。(　　)にあてはまる言葉をかきましょう。

　支点から力点までのきょりが支点から作用点までのきょりよりもいつも(　　　　　)から。

(4) 作用点に加わる力が，いつも力点に加えた力よりも小さくなるのは，A〜Cのどれですか。　(　　　)

(5) (4)で答えた理由を簡単（かんたん）に説明しましょう。

(　　　　　　　　　　　　　　　　　　　　)

勉強した日　　月　　日

80 てこのはたらきのまとめ

▶▶▶ 答えは別冊20ページ

1:1問15点 **2**:10点

1 てこを使って石を持ち上げます。次の問題に答えましょう。

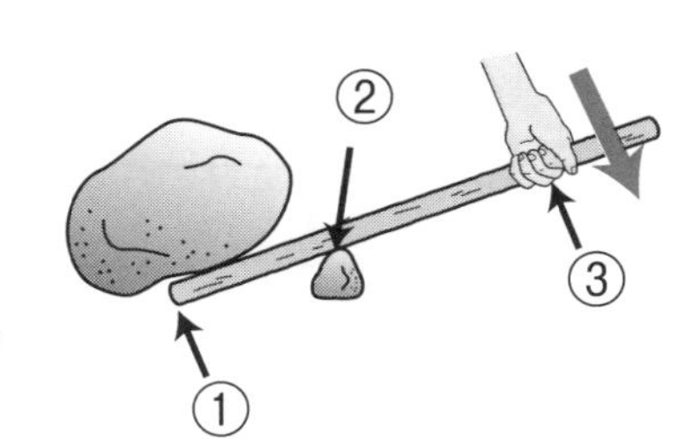

(1) 右の図で，支点は①～③のどこですか。
(　　　　)

(2) 右の図で，作用点は①～③のどこですか。
(　　　　)

(3) ②と③のきょりを短くすると，石を持ち上げるのに必要な力はどうなりますか。次の**ア**～**ウ**から選びましょう。(　　　　)

ア　大きくなる。　　**イ**　小さくなる。

ウ　変わらない。

(4) 右の図で，支点は④～⑥のどこですか。

(　　　　)

(5) 右の図で，作用点は④～⑥のどこですか。
(　　　　)

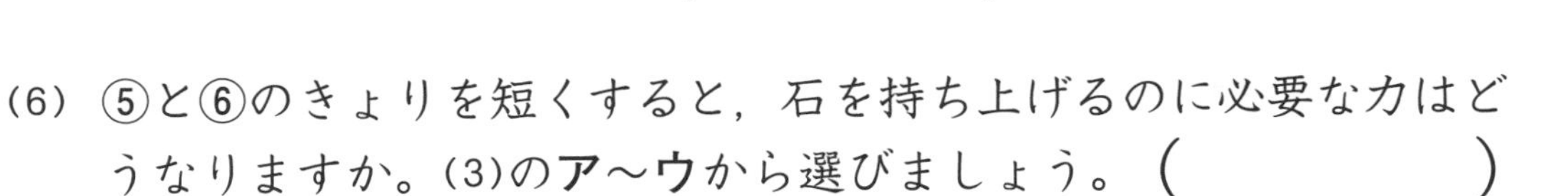

(6) ⑤と⑥のきょりを短くすると，石を持ち上げるのに必要な力はどうなりますか。(3)の**ア**～**ウ**から選びましょう。(　　　　)

2 右の図のように，水平につり合っているてこがあります。今あるおもりの下に1個ずつおもりをたすと，てこは右，左のどちらにかたむきますか。

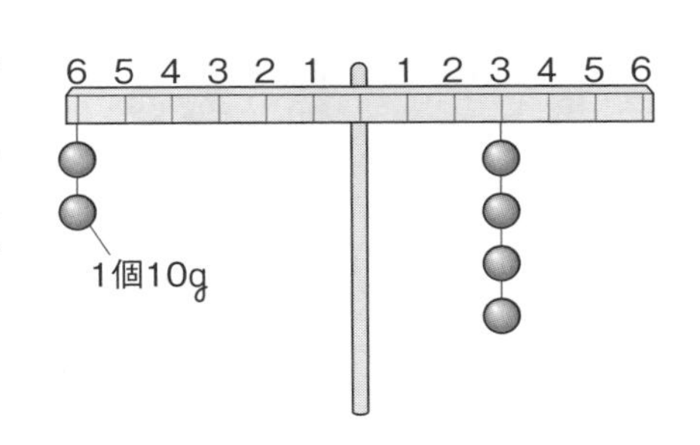

(　　　　)

勉強した日　月　日

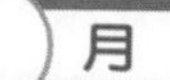

てこのはたらきのまとめ

81 鳥の丸焼きはいくつできる？

▶▶▶答えは別冊20ページ

てこがかたむくと，かたむいた方の鳥の丸焼きができます。
鳥の丸焼きは，全部で何びきできるかな。

発電と電気の利用
電気をつくる

▶▶▶ 答えは別冊21ページ

①〜⑦：1問10点　⑧⑨：1問15点

覚えよう！

次の［　　］にあてはまる言葉をかきましょう。

・電気は，手回し発電機や光電池などでつくることができる。

・電気をつくることを［①　　］という。

＜手回し発電機＞

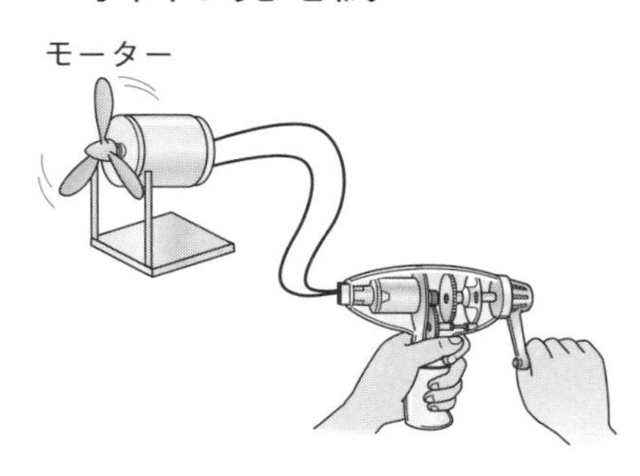

・ハンドルを回すと，［②　　］が流れて，モーターが回る。

・ハンドルを逆向きに回すと，モーターは［③　　］に回る。

・ハンドルを速く回すと，モーターは［④　　］回る。

＜光電池〔太陽電池〕＞

・光電池は，光が当たったときだけ，［⑤　　］することができる。

・光電池をつなぐ向きを逆にすると，電流は［⑥　　］向きに流れる。

・光電池に当たる光を強くすると，［⑦　　］電流が流れる。

ことばのかくにん

・［⑧　　］：電気をつくること。

・［⑨　　］：ハンドルを回して電気をつくる器具。

発電と電気の利用

電気をつくる

▶▶▶ 答えは別冊21ページ

(1)(2)1問10点　(3)〜(6)1問20点

点数　　　　点

1 **右の図のような器具を使って，電気をつくりました。これについて，次の問題に答えましょう。**

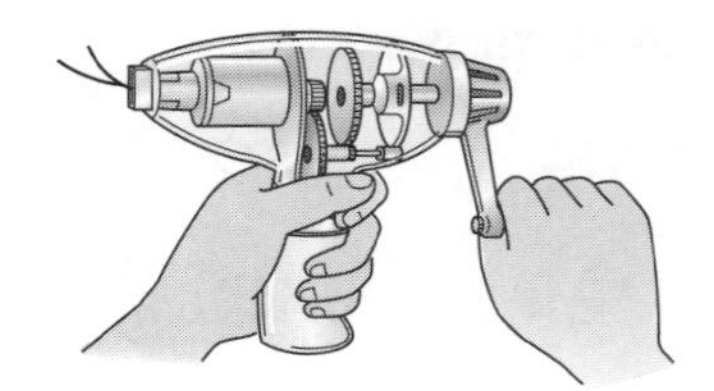

(1) 右の図のような器具を何といいますか。
(　　　　　　　　)

(2) (1)に，モーターをつなぎました。ハンドルを回すと，モーターはどうなりますか。
(　　　　　　　　)

(3) ハンドルを(2)とは逆向きに回すと，モーターはどうなりますか。(　　　　　　　　)

(4) モーターのかわりに，豆電球をつなぎました。ハンドルを回すと豆電球はつきますか，つきませんか。(　　　　　　　　)

(5) ハンドルを(4)より速く回すと，豆電球の明るさはどうなりますか。(　　　　　　　　)

(6) 豆電球のかわりに，電子オルゴールをつなぎ，ハンドルを右まわりに回すと音が出ました。ハンドルを左まわりに回すと，音は出ますか，出ませんか。(　　　　　　　　)

発電と電気の利用

電気をつくる

▶▶▶ 答えは別冊21ページ

(1)～(3)1問20点　(4)1問20点

1 光電池とモーターを使って実験をしました。次の問いに答えましょう。

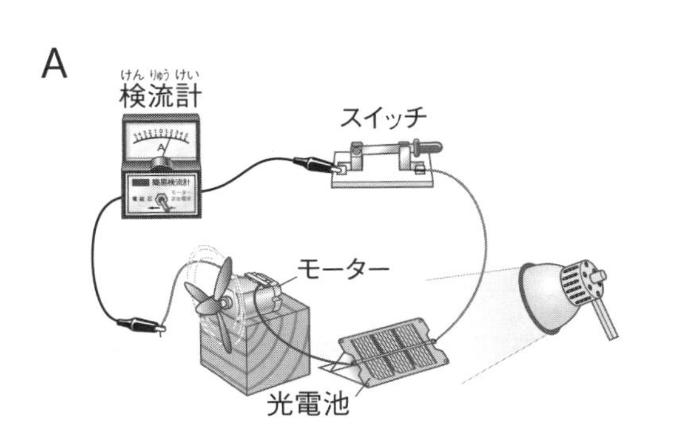

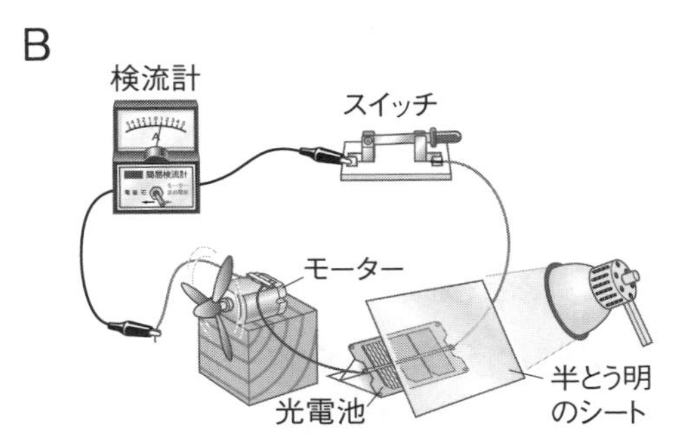

(1) 電気をつくることを何といいますか。　(　　　　)

(2) **A**で，光を当てるのをやめると，モーターはどうなりますか。次の**ア**～**ウ**から選びましょう。　(　　　　)

ア　速く回る。　**イ**　ゆっくり回る。　**ウ**　止まる。

(3) **A**で，光電池をつなぐ向きを逆にすると，モーターはどうなりますか。次の**ア**～**ウ**から選びましょう。　(　　　　)

ア　同じ向きに回る。　**イ**　逆向きに回る。　**ウ**　止まる。

(4) **B**のように，光電池に当てる光を**A**よりも弱くしたときのようすについて，(　　)にあてはまる言葉をかきましょう。

光電池に当てる光を弱くすると，流れる電流が(①　　　　)なるので，モーターは(②　　　　)回る。

勉強した日　　月　　日

発電と電気の利用
電気の利用

▶▶▶ 答えは別冊21ページ

点数　　　点

1問20点

覚えよう

次の文の[　　　]にあてはまる言葉をかきましょう。

・電気は，[①　　　　　]などにためることができる。

・電気をためることを[②　　　　]という。

・電気は，光や音，[③　　　　]などに変えて利用することができる。

↑モーターがあてはまる。

考えよう

豆電球と発光ダイオードの明かりがついた時間を調べました。〈実験〉と〈まとめ〉を完成させましょう。

↓同じ条件にする。

<実験>手回し発電機を[④　　　　]回数だけ回して，コンデンサーに電気をため，豆電球と発光ダイオードで，明かりがつく時間を比べる。

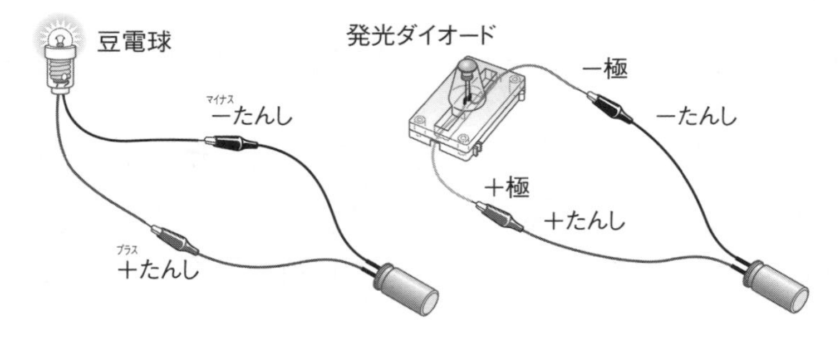

<結果>

豆電球に明かりがついた時間	発光ダイオードに明かりがついた時間
14秒	２分30秒

<まとめ>

発光ダイオードは豆電球に比べて，少ない電気で[⑤　　　　]時間，電気をつけることができる。

発電と電気の利用

電気の利用

▶▶▶ 答えは別冊22ページ

1問25点

点数　　点

1 手回し発電機とコンデンサー，豆電球を使って実験をしました。次の問題に答えましょう。

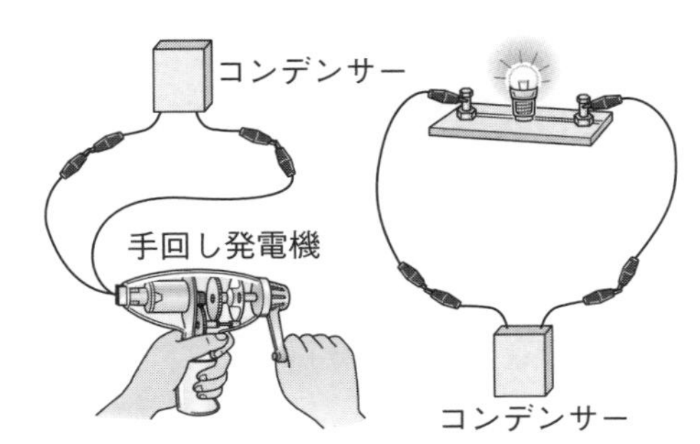

＜実験＞

1　手回し発電機とコンデンサーをつなぎ，ハンドルを回した。

2　1のコンデンサーを豆電球とつなぎ，明かりのつく時間をはかった。

3　ハンドルを回す回数を変えて実験をし，結果を表にまとめた。

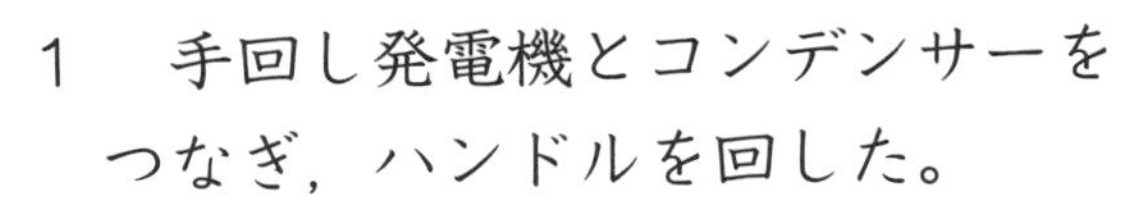

ハンドルを回す回数	10回	20回	30回
明かりがつく時間	8秒	13秒	

(1) コンデンサーは，何をする器具ですか。(　　　　　　)

(2) ハンドルを回すにつれて，ハンドルを回す手ごたえはどうなりますか。次の**ア**～**ウ**から選びましょう。(　　　　)

ア　重くなる。　　**イ**　変わらない。　　**ウ**　軽くなる。

(3) ハンドルを30回まわしたとき，明かりがつく時間は何秒ですか。次の**ア**～**ウ**からもっとも正しいものを選びましょう。(　　　　)

ア　5秒　　**イ**　10秒　　**ウ**　17秒

(4) 手回し発電機を20回回して，コンデンサーに電気をため，発光ダイオードにつなぎました。明かりがつく時間を，次の**ア**～**ウ**から選びましょう。(　　　　)

ア　13秒より短い。　　**イ**　13秒　　**ウ**　13秒より長い。

発電と電気の利用

電気の利用

答えは別冊22ページ

1(1)1問10点　(2)1問10点　**2**(1)1問10点　(2)20点

1 わたしたちは，電気をいろいろなものに変えて利用しています。次の問題に答えましょう。

電気を何に変えるか	①	②	③
電気製品	街灯	エアコン	エスカレーター
電気を効率的に使うためのくふう	④	⑤	⑥

(1)　①～③にあてはまる言葉を，次の**ア**～**エ**から選びましょう。

①(　　　　)　②(　　　　)　③(　　　　)

ア　光　**イ**　熱　**ウ**　音　**エ**　運動

(2)　④～⑥にあてはまるくふうを，次の**ア**～**ウ**から選びましょう。

④(　　　　)　⑤(　　　　)　⑥(　　　　)

ア　設定した温度より高くなりすぎたり，低くなりすぎたりしない。
イ　人が近づくと動き出し，人が遠ざかると止まる。
ウ　明るくなると，明かりが消える。

2 多くの電気製品には，コンピュータが利用されています。次の問題に答えましょう。

(1)　次の文の(　　)にあてはまる言葉をかきましょう。

コンピュータは，あらかじめ入力した指示に従(したが)って動きます。コンピュータへの指示を①［　　　　］といい，①をつくることを②［　　　　］といいます。

(2)　エアコンなどの電気製品は，コンピュータをまわりのようすを読みとる何と組み合わせて，電気を効率よく使っていますか。

(　　　　)

発電と電気の利用のまとめ

▶▶▶ 答えは別冊22ページ

(1)10点　(2)1問9点　(3)1問9点

1 手回し発電機とコンデンサーをつなぎ，電気をコンデンサーにためました。次の問題に答えましょう。

(1) コンデンサーに電気をできるだけたくさんためるには，手回し発電機をどうすればよいですか。

(　　　　　　　　　　　　　　　　　　　　)

(2) 手回し発電機を同じ回数回して電気をためたコンデンサーを，豆電球と発光ダイオードにそれぞれつなぎました。次の文のうち，正しいものには○，まちがっているものには×をかきましょう。

① (　　　)豆電球よりも発光ダイオードの方が長い時間明かりがついた。

② (　　　)発光ダイオードよりも豆電球の方が長い時間明かりがついた。

③ (　　　)発光ダイオードは，豆電球に比べて少ない電気で長い時間明かりがつく。

④ (　　　)豆電球は，発光ダイオードに比べて少ない電気で長い時間明かりがつく。

(3) 次の①～⑥は，電気を何に変えて利用するものですか。「光，音，熱，運動」からそれぞれ選んでかきましょう。

① アイロン (　　　　)　② チャイム (　　　　)

③ ヘッドホン (　　　　)　④ モーター (　　　　)

⑤ せん風機 (　　　　)　⑥ こたつ (　　　　)

人と環境
人と環境のかかわり

▶▶▶ 答えは別冊22ページ

①〜④：1問10点　⑤〜⑧：1問15点

点数　　点

覚えよう！

人と空気のかかわりについて，次の［　　］にあてはまる言葉をかきましょう。

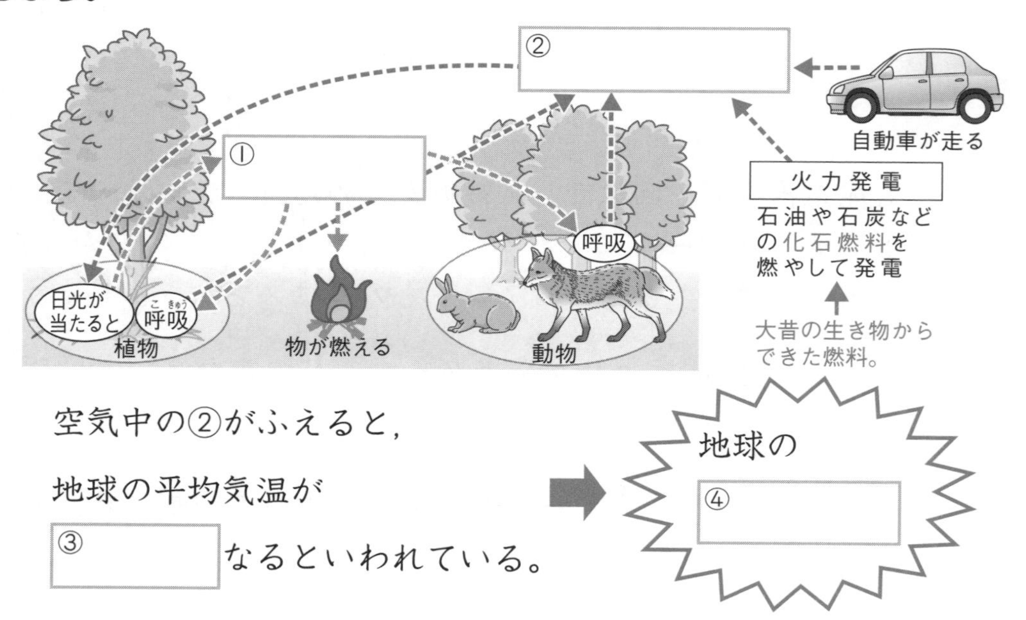

空気中の②がふえると，
地球の平均気温が
［③　　］なるといわれている。

➡ 地球の［④　　］

人と水のかかわりについて，次の［　　］にあてはまる言葉をかきましょう。

・わたしたちは，毎日食べる米や［⑤　　］・果物，動物などを育てるために，大量の水を使っている。（⑤ 畑でとれる植物。）

・わたしたちは，生活の中のさまざまな場面で大量の水を使っている。

・わたしたちが使った水は，川から［⑥　　］へと流れる。

・海や湖の水は［⑦　　］になった後，ふたたび雨として降る。

・わたしたちは，こうして［⑧　　］する水を使っている。

人と環境

人と環境のかかわり

練習

▶▶▶ 答えは別冊23ページ

(1)(2)1問25点　(3)全部できて25点　(4)25点

点数　　点

1 人と環境(かんきょう)のかかわりについて，次の問題に答えましょう。

(1) 空気中の二酸化炭素をふやす原因と考えられるものを，次の**ア**～**オ**からすべて選びましょう。（　　　　）

ア　太陽の光を使って発電すること。
イ　石油や石炭などを使って発電をすること。
ウ　ガソリンを使う自動車をたくさん走らせること。
エ　山の木をたくさん切ってしまうこと。
オ　砂ばくなどでたくさんの木を育てること。

(2) 石油や石炭などの，大昔の生き物からできた燃料を何といいますか。（　　　　）

(3) 地球の温暖化(おんだんか)が進むと，どんなえいきょうがあると考えられますか。正しい文の(　　)に○をかきましょう。

①（　　）地球の平均の気温が下がる。

②（　　）地球の平均の気温が上がる。

③（　　）北極や南極の氷がとけ，海にしずむ島が出てくる。

④（　　）海の水がこおり，魚がとれなくなる。

(4) わたしたちが使った水は，その後どうなりますか。次の**ア**～**エ**を正しい順に並(なら)べましょう。

（　　→　　→　　→　　）

ア　海へ流れる。　　**イ**　水蒸気になる。
ウ　川へ流れる。　　**エ**　雨になって地上に降(ふ)る。

人と環境

環境を守るために

▶▶▶ 答えは別冊23ページ

点

①～⑤：1問14点　⑥～⑧：1問10点

覚えよう

環境(かんきょう)を守るためのくふうについて，次の□にあてはまる言葉をかきましょう。

環境におよぼすえいきょうを少なくするくふう	①□電池自動車	③□や石炭の消費を少なくして，空気中に出る④□の量を減らす。（化石燃料とよばれる。）
	②□を使った信号機（電気を効率よく使う。）	
	風力発電 太陽光発電	
	⑤□処理場(しょりじょう)	よごれた水をきれいにしてから川にもどす。

自然を守るくふう	国立公園	野生の⑥□や⑦□を守る地域(ちいき)をもうける。
	川や海辺などをそうじする。	
	もともとは日本にいなかった⑧□種とよばれる生物をほかくする。	
	あれた場所などに，もともと生えていた種類の植物を植える。	

人と環境

環境を守るために

▶▶▶ 答えは別冊23ページ

(1)～(5)1問14点　(6)1問10点

1 環境(かんきょう)を守るためのくふうについて，次の問題に答えましょう。

(1) 石油や石炭などの化石燃料を使わず，発電しながら走る自動車を何といいますか。（　　　　　　）

(2) (1)の自動車は，環境にえいきょうをあたえるある気体を出さずに走ります。ある気体とは何ですか。（　　　　　　）

(3) (2)の気体を空気中にふやさない発電方法として，あてはまらないものを，次のア～ウから選びましょう。（　　　　）

ア　風力発電　　**イ**　火力発電　　**ウ**　太陽光発電

(4) 家庭などで使ってよごれた水をきれいにするところを何といいますか。（　　　　　　）

(5) さまざまな生き物がすむ豊かな自然を守るために国がもうけた地域(ちいき)を何といいますか。（　　　　　　）

(6) 次の文は，自然を守るくふうについて説明したものです。正しいものには○，まちがっているものには×をかきましょう。

① （　　）自然を守るには，あれた場所などにもともと生えていなかったじょうぶな種類の植物を植える。

② （　　）日本にはいなかった外来種を，川や山などに捨(す)てないようにする。

③ （　　）森林の木をたくさん切って，山を開発する。

93 人と環境のまとめ

▶▶▶ 答えは別冊23ページ

1 (1)1問20点　(2)20点　2：40点

1 わたしたちのまわりで起こっている環境(かんきょう)問題の1つに，地球の温暖化(おんだんか)があります。これについて，次の問題に答えましょう。

(1) 地球の温暖化とは，地球がどうなることですか。次の文の(　　)にあてはまる言葉をかきましょう。

地球の平均(　　　　　　)が(　　　　　　)くなること。

(2) 次の**ア**～**エ**のうち，地球の温暖化の原因としてあてはまらないものはどれですか。1つ選びましょう。(　　　　)

ア　火力発電所から出る排気(はいき)ガス　**イ**　家庭から出るよごれた水

ウ　工場や自動車から出る排気ガス

エ　森林を開発して植物を減らす

2 わたしたちひとりひとりの生活のしかたによって，環境をこわしてしまったり，環境を守ったりすることができます。次のア～コのうち，環境を守ることができるものはどれですか。すべて選びましょう。

(　　　　　　　　　　　　　　　　)

ア　使っていない部屋の電灯は消す。

イ　夏には，熱中症(ねっちゅうしょう)にならないようにエアコンの設定温度をできるだけ低くする。

ウ　いらなくなったものはすべていっしょにすてる。

エ　空きかんやペットボトルは資源(しげん)ごみとしてすてる。

オ　てんぷら油はそのまま流してすてる。

カ　買い物には，買い物ぶくろを持っていく。

キ　出かけるときは，できるだけ自動車を使わない。

ク　食器は，洗ざいをたくさん使って洗う。

ケ　夏，エアコンの温度をあまり下げないようにする。

コ　冬，エアコンの温度をあまり下げないようにする。

小学理科　理科問題の正しい解き方ドリル　6年・別冊

答えとおうちのかた手引き

物の燃え方

物が燃えるとき

▶▶▶本冊4ページ

覚えよう　①空気

考えよう　②消える　③燃え続ける　④消える　⑤燃え続ける

ポイント

物が燃え続けるには，新しい空気がびんの中に流れこむ必要があります。また，あたたまった空気は下から上へと流れるので，ウのように下にだけすきまがあっても，新しい空気がびんの中に入れず，ろうそくの火は消えてしまいます。

物の燃え方

物が燃えるとき

▶▶▶本冊5ページ

1　(1)①　(2)(例)新しい空気が入らないため。

(3)イ　(4)空気(の動き)

ポイント

(1)(2)①は，上にも下にもすきまがないので，新しい空気が流れこめず，ろうそくの火はすぐに消えてしまいます。②は，上にすきまがあるので，新しい空気が流れこみます。③は，下から入った空気が上へ流れていくので，ろうそくの火がよく燃えます。

(3)(4)集気びんに線こうのけむりを近づけることで，まわりの空気の動きを目で見ることができるようになります。

物の燃え方

物を燃やす気体

▶▶▶本冊6ページ

覚えよう　①ちっ素　②酸素　③二酸化マンガン　④過酸化水素水

考えよう　⑤(例)すぐに消える。

⑥(例)激(はげ)しく燃える。　⑦(例)すぐに消える。

⑧酸素　⑨⑩ちっ素，二酸化炭素

ポイント

空気はおもに，ちっ素と酸素と，わずかな二酸化炭素などからできています。このうち，物を燃やすはたらきがあるのは酸素です。ちっ素や二酸化炭素には物を燃やすはたらきはありません。

物の燃え方

物を燃やす気体

▶▶▶本冊7ページ

1　(1)A…うすい過酸化水素水〔オキシドール〕

B…二酸化マンガン

(2)水

2　(1)①ウ　②ウ　(2)イ

ポイント

1　(1)酸素は，二酸化マンガンにうすい過酸化水素水（オキシドール）を加えると発生します。

(2)問題の装置は，発生した酸素を水と置きかえて集める方法です。

2　(1)物を燃やすはたらきのある気体とは，酸素のことです。酸素は，空気全体の約21％をしめています。

物の燃え方

物が燃えた後

▶▶▶本冊8ページ

覚えよう　①二酸化炭素　②白くにごる　③酸素

考えよう　④酸素　⑤二酸化炭素　⑥酸素　⑦二酸化炭素　⑧ちっ素

ポイント

物が燃えるときは，空気中の酸素の一部が使われて，二酸化炭素ができます。二酸化炭素には，石灰水(せっかいすい)を白くにごらせる性質があります。

物の燃え方
物が燃えた後

▶▶▶本冊9ページ

1 (1)(例)変化しない。　(2)(例)白くにごる。
(3)二酸化炭素

2 (1)A…酸素　B…二酸化炭素　(2)A

ポイント

1 ろうそくを燃やす前の集気びんにふくまれる二酸化炭素は，ふつうの空気と同じ約0.04%です。そのため，石灰水(せっかいすい)を入れてふっても，石灰水はほとんど変化しません。
ろうそくが消えた後の集気びんでは，二酸化炭素がふえているので，石灰水は白くにごります。

2 気体の体積の割合(わりあい)が減っているAが酸素，気体の体積の割合がふえているBが二酸化炭素です。この実験から，物が燃えるときに酸素が使われていることがわかります。

物の燃え方
気体検知管の使い方

▶▶▶本冊10ページ

覚えよう　①酸素　②酸素
③気体採取器　④ハンドル　⑤チップホルダー
⑥気体採取器　⑦ハンドル

ポイント

気体検知管のうち，気体のこさによって使う検知管がちがうのは，二酸化炭素用検知管です。酸素用検知管は1種類しかありません。
気体検知管を気体採取器にとりつけるときは，気体検知管を矢印の向きにさしこみます。

物の燃え方
気体検知管の使い方

▶▶▶本冊11ページ

1 (1)ウ(→)エ(→)ア(→)イ
(2)(例)折り口でけがをしないため。
(3)すばやく引く。
(4)酸素用検知管
(5)①…17%　②…4%

ポイント

気体検知管の使い方の手順と，その注意点はしっかり理解しておきましょう。
<使い方の手順>
① 気体検知管の両はしをチップホルダーで折る。
② 気体検知管を気体採取器にとりつける。
③ 気体採取器のハンドルをすばやく引いて，気体をとりこむ。
④ 決められた時間がたったら，目盛(めも)りを読む。
<注意点>
・気体検知管の折り口にさわるときけんなので，けがをしないようにゴムのカバーをつける。
・酸素用検知管は，使うと熱くなるので，冷めるまで直接さわらないようにする。

9 物の燃え方のまとめ

▶▶▶本冊12ページ

1 (1)①…空気　③…酸素
(2)(例)集気びんの中に石灰水を入れてよくふってみる。〔気体検知管で二酸化炭素の量を調べる。〕

2 (1)

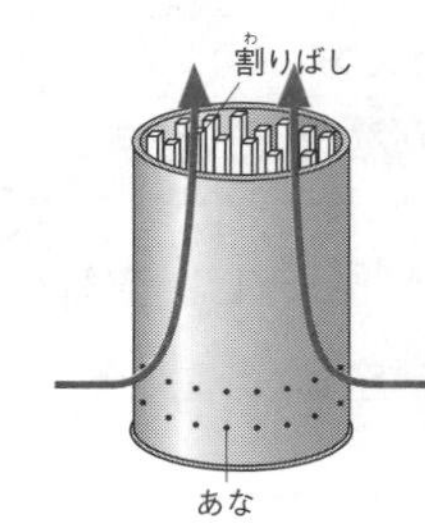

※あなから入った空気が下から上へ移動することを表していれば正解。

(2)イ　(3)イ(，)ウ

ポイント

1 (1)ちっ素と二酸化炭素には，物を燃やすはたらきがないので，ろうそくの火が消えている②と④には，ちっ素か二酸化炭素が入っています。物を燃やすはたらきのある酸素が多いほど，ろうそくは激(はげ)しく燃えるので，①には空気，③には酸素が入っているとわかります。
(2)二酸化炭素には石灰水を白くにごらせる性質がありますが，ちっ素にはないので，これを利用して区別することができます。

2 (1)空気が下のあなから入り，割(わ)りばしの間を通って上に出ていきます。
(2)割りばしの間のすきまができないようにすると，空気が流れにくくなるので，割りばしは燃えにくくなります。
(3)燃えた後には，二酸化炭素と灰(はい)ができます。

10 物の燃え方のまとめ くだものさがし

▶▶▶ 本冊13ページ

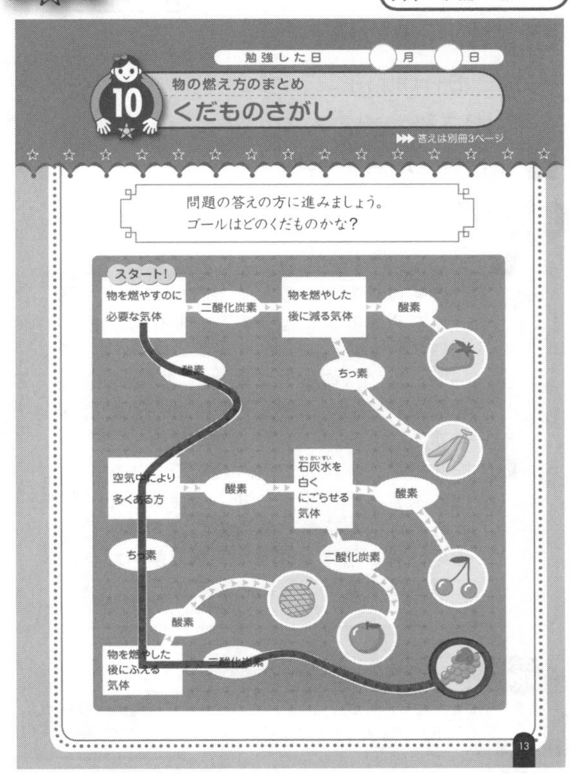

11 動物のからだのつくりとはたらき 食べ物の消化と吸収①　理解

▶▶▶ 本冊14ページ

覚えよう　①食道　②胃　③小腸　④大腸

考えよう　⑤青むらさき

⑥(例)別の物に変える

ことばのかくにん　⑦消化管　⑧ヨウ素液

ポイント

口からこう門までつながる１本の長い管（口→食道→胃→小腸→大腸→こう門）を，消化管といいます。口から入った食べ物は，消化管を通る間に，からだに吸収されやすい養分となって，からだに吸収されます。
ヨウ素液は，でんぷんがあるかどうかを調べるための液で，でんぷんがあると青むらさき色になります。でんぷんがなければ色は変化しません。
だ液には，でんぷんを別の物に変えるはたらきがあります。

12 動物のからだのつくりとはたらき 食べ物の消化と吸収①　練習

▶▶▶ 本冊15ページ

1　(1)①…食道　②…胃　(2)消化管

2　(1)試験管…②　ある液…ヨウ素液
(2)でんぷん
(3)(例)だ液がでんぷんを別の物に変えた。

ポイント

1　口→食道→胃→小腸→大腸→こう門　とつながる１本の長い管を，消化管といいます。

2　「青むらさき色」に変化したある液とは，でんぷんがあるかどうかを調べるヨウ素液のことです。だ液には，でんぷんを別の物に変えるはたらきがありますが，水にはこのようなはたらきはありません。
なお，試験管①，②を約 40℃の湯につけているのは，だ液は人の体温と同じぐらいの温度でよくはたらくからです。

13 動物のからだのつくりとはたらき 食べ物の消化と吸収②　理解

▶▶▶ 本冊16ページ

覚えよう　①消化　②胃液　③消化液

④小腸　⑤水　⑥肝臓　⑦血液

考えよう　⑧食道　⑨胃　⑩肝臓

ポイント

食べ物を，細かくしたり，からだに吸収しやすい養分に変えたりすることを消化といい，消化するはたらきをもつ液（だ液，胃液など）を消化液といいます。
図１は，内側にひだのようなものがあるので，小腸です。消化された養分は，水といっしょにおもに小腸から吸収されます。
図２は肝臓で，人のからだの中でもっとも大きな臓器です。小腸で吸収された養分は，肝臓に一時的にたくわえられたり，血液によって全身に運ばれて使われたりします。
イヌも，人と同じような養分の消化と吸収のしくみをもっています。

動物のからだのつくりとはたらき

食べ物の消化と吸収②

▶▶▶ 本冊17ページ

1 (1)①…肝臓　②…胃　③…大腸
④…小腸
(2)消化液　(3)④　(4)イ　(5)①
(6)こう門

ポイント

①は，人のからだの中でもっとも大きい臓器である肝臓です。からだに吸収された養分を一時的にたくわえるはたらきをもちます。
②は，食べ物を消化する消化液である胃液を出す，胃です。
③は，おもに水などを吸収する大腸です。
④は，内側にひだのようなつくりをもつ小腸です。消化された養分はおもに，水といっしょにここから吸収されます。
からだに吸収されなかった物は，こう門からからだの外に出されます。

動物のからだのつくりとはたらき

呼吸のはたらき

▶▶▶ 本冊18ページ

覚えよう　①酸素　②二酸化炭素　③呼吸
④酸素　⑤二酸化炭素　⑥気管　⑦肺
⑧二酸化炭素　⑨酸素

ことばのかくにん　⑩呼吸　⑪肺

ポイント

吸う空気＝まわりの空気は，ちっ素が約 78％，酸素が約 21％をしめています。
人などの動物は，呼吸によって空気中の酸素をからだの中にとりこみ，二酸化炭素をはき出します。
肺には，小さなふくろがたくさんあり，ここで酸素と二酸化炭素の交かんが行われています。

動物のからだのつくりとはたらき

呼吸のはたらき

▶▶▶ 本冊19ページ

1 (1)A…(例)変化しない。
B…(例)白くにごる。
(2)二酸化炭素

2 (1)気体A　(2)呼吸

ポイント

1 まわりの空気を入れたふくろ A には，二酸化炭素はわずかしかふくまれないので，石灰水を入れてよくふっても，変化はほとんど見られません。
一方，はいた空気には二酸化炭素が約 3％ふくまれているので，石灰水は白くにごります。

2 呼吸では，酸素をとり入れて二酸化炭素を出します。吸う空気とはいた空気を比べたとき，はいた空気で体積の割合が減っている気体 A が酸素，はいた空気で割合がふえている気体 B が二酸化炭素です。

動物のからだのつくりとはたらき

呼吸のはたらき

▶▶▶ 本冊20ページ

1 (1)A…気管　B…肺
(2)①…ア　②…イ　③…ア　④…イ
⑤…イ　⑥…ア

2 (1)ア　(2)えら

ポイント

1 図の A は気管，B は肺です。
鼻や口から入った空気は，気管を通って肺に入ります。肺では，空気中の酸素が血液にとりこまれ，血液中の二酸化炭素が空気中に出されます。
こうして二酸化炭素を多くふくんだ空気は，また気管を通って外に出ていきます。

2 クジラはヒトと同じ動物のなかまで，コイ，キンギョ，フナは魚のなかまです。
魚には肺がないので，代わりに「えら」とよばれるところで呼吸をしています。

18 動物のからだのつくりとはたらき 心臓と血液のはたらき①

▶▶▶ 本冊21ページ

覚えよう ①肺 ②心臓 ③二酸化炭素 ④酸素 ⑤血液 ⑥拍動 ⑦脈拍 ⑧酸素 ⑨二酸化炭素 ⑩肺

ポイント

心臓は，ポンプのようなはたらきをして，全身に血液を送っています。
全身から心臓にもどってくる血液には，二酸化炭素が多くふくまれています。二酸化炭素を多くふくむ血液は，心臓から肺へ送られて，二酸化炭素を出し，酸素を受けとっています。酸素を多くふくむ血液は，肺から心臓へもどり，全身に送られます。

19 動物のからだのつくりとはたらき 心臓と血液のはたらき①

▶▶▶ 本冊22ページ

1 (1)記号…イ　名前…心臓
(2)記号…ア　名前…肺　(3)血管
(4)②（，）④　(5)①（，）③
(6)（例）酸素が多い血液と二酸化炭素が多い血液が混じり合ってしまう。

ポイント

(1)(2) 血液を送り出すのは，イの心臓です。酸素と二酸化炭素を交かんするのは，アの肺です。
(4)(5) 酸素を多くふくんでいる血液が流れるのは，肺→心臓→からだの各部分　へとつながる血管です。
二酸化炭素を多くふくんでいる血液が流れるのは，からだの各部分→心臓→肺　へとつながる血管です。
(6) 心臓には，血液が逆向きに流れないようにする弁とよばれるつくりがあります。
弁がないと，血液が逆向きに流れ，肺に入る二酸化炭素が多い血液と，肺から出る酸素が多い血液が混じり合ってしまいます。

20 動物のからだのつくりとはたらき 心臓と血液のはたらき②

理解

▶▶▶ 本冊23ページ

覚えよう ①血液 ②腎臓 ③腎臓 ④水 ⑤にょう ⑥ぼうこう ⑦腎臓 ⑧ぼうこう ⑨水 ⑩けんび鏡 ⑪血管

ポイント

からだの各部分でいらなくなった物は，血液によって腎臓に運ばれ，余分な水などといっしょに血液からこし出されて，にょうになります。にょうは一時的にぼうこうにためられてから，からだの外に出されます。
血液の流れるようすは，メダカのおびれで観察することができます。このとき，メダカが死んでしまわないように，チャックつきのポリエチレンのふくろに少量の水とメダカをいっしょに入れて，呼吸できるようにします。

21 動物のからだのつくりとはたらき 心臓と血液のはたらき②

▶▶▶ 本冊24ページ

1 (1)腎臓　(2)ウ

2 (1)イ　(2)おびれ

ポイント

1 からだの中でいらなくなった物は，血液によって腎臓（A）に運ばれて，余分な水分といっしょに血液からこし出されます。これがにょうとなり，一時的にぼうこうにためられてから，からだの外に出されます。
からだの中でいらなくなった物には，二酸化炭素もありますが，二酸化炭素を血液からとり出すのは，腎臓ではなく，肺です。

2 (1) 血液の流れるようすを観察するには，生きているメダカを使う必要があります。そのため，観察中にメダカが死んでしまわないよう，チャックつきのポリエチレンのふくろに少量の水を入れます。
(2) メダカのおびれはすきとおっているので，けんび鏡で観察すると，細い血管の中を血液が流れるようすが見えます。

22 動物のからだのつくりとはたらきのまとめ

本冊25ページ

1 (1)呼吸 (2)イ(,)エ

(3)

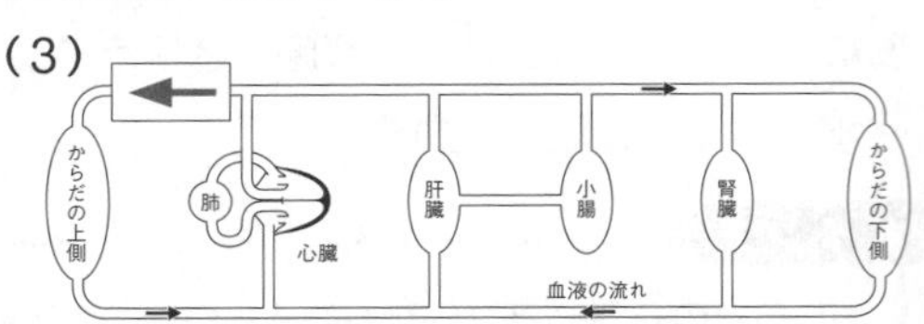

(4)ウ

(5)(例)たくさんの養分や酸素が必要となるため，心臓から送り出す血液をふやすから。

ポイント

(2)イはぼうこう，エは心臓のはたらきです。

(4)拍動とは，心臓が縮んだりゆるんだりして血液を送り出す運動です。脈拍とは，手首などをさわって感じることのできる，血液が血管を通るときの血管の動きです。よって，拍動と脈拍のリズムは同じになります。

23 動物のからだのつくりとはたらきのまとめ あなたはだれ？

本冊26ページ

24 植物のからだのつくりとはたらき 植物と水

理解

本冊27ページ

覚えよう ①水蒸気 ②葉 ③気こう ④くき ⑤水 ⑥根

考えよう ⑦根 ⑧葉〔気こう〕 ⑨多い

ことばのかくにん ⑩蒸散 ⑪気こう

ポイント

根からとり入れられた水は，根，くき，葉にある水の通り道を通って，からだ全体に運ばれていきます。葉まで運ばれた水は，気こうとよばれる小さなあなから，水蒸気になって出ていきます。これを蒸散といいます。蒸散によって，植物は根からあらたに水をとり入れられるようになります。

夏の暑いころ，長い間雨が降らなければ，根からとり入れることのできる水は少なくなってしまいます。根からとり入れる水の量が少なくても蒸散は起こるので，結果として，植物のからだから出ていく水の方が多くなり，植物はしおれてしまいます。

25 植物のからだのつくりとはたらき 植物と水

練習

本冊28ページ

1 (1)エ (2)イ(→)ウ(→)ア (3)気こう (4)蒸散

ポイント

(1)食紅で赤く色をつけた水にホウセンカを入れておくと，水の通り道が赤く染まります。ホウセンカのくきを横に切ると，エのように，くきのまわりに輪の形に赤く染まっている部分が見えます。

水の通り道

(2)水は，根からとり入れられて，くき，葉へと運ばれていきます。

植物のからだのつくりとはたらき

26 植物と空気

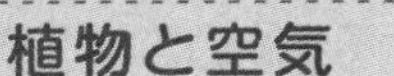

本冊29ページ

考えよう ①酸素 ②二酸化炭素 ③酸素 ④二酸化炭素 ⑤二酸化炭素 ⑥酸素 ⑦二酸化炭素 ⑧酸素

ポイント

空気中に二酸化炭素は約 0.04%しかふくまれていませんが，ふきこんだ空気には二酸化炭素が多くふくまれているので，日光を当てる前のふくろには，0.04%以上の二酸化炭素があります。
また，酸素はもともと二酸化炭素よりも多く空気中にふくまれているので，日光に当てる前の割合(わりあい)が約 16%の気体が酸素，約 5%の気体が二酸化炭素です。
この実験から，植物の葉に日光を当てると酸素がふえ，二酸化炭素が減ることがわかります。これは，植物が二酸化炭素をとりこんで，酸素を出したためです。

植物のからだのつくりとはたらき

27 植物と空気

本冊30ページ

1 (1)ウ (2)二酸化炭素 (3)酸素
(4)(例)二酸化炭素をとり入れて，酸素を出す。

ポイント

(1) ふきこんだ空気には，二酸化炭素が多くふくまれています。もともとの空気には二酸化炭素はわずかしかふくまれていないため，ふくろの中の二酸化炭素をふやすために，息をふきこみます。
(4) 植物は，日光が当たると，でんぷんなど成長に必要な養分をつくります。このとき，二酸化炭素をとりこんで酸素を出します。

植物のからだのつくりとはたらき

28 植物と養分

本冊31ページ

覚えよう ①でんぷん ②ヨウ素液

考えよう ③(例)青むらさき色になった。
④(例)変化しなかった。 ⑤できた
⑥できなかった

ポイント

でんぷんがあるかどうかは，ヨウ素液を使って調べます。ヨウ素液は，でんぷんがあると青むらさき色になりますが，でんぷんがないと変化しません。
でんぷんは，植物の葉に日光をよく当てることでできます。

植物のからだのつくりとはたらき

29 植物と養分

本冊32ページ

1 (1)イ (2)(葉)A (3)日光
(4)(例)日光に当てる前の葉に，でんぷんがないことを確かめるため。

ポイント

(1) この実験では，たたき出し法という方法ででんぷんができているかどうかを確かめています。
この方法は，葉をろ紙などの白くて水分を吸収(きゅうしゅう)しやすいじょうぶな紙にはさんで行います。新聞紙やダンボールは白くなく，ノートは水分を吸収しにくいので，この方法には向いていません。
(2) アルミニウムはくでおおったままでは，葉に日光が当たらないため，でんぷんはできません。
(3)(4) この実験では，日光が当たるとでんぷんができるが，日光が当たらなければでんぷんができないことを調べています。そのため，日光を当てる前の葉にでんぷんがないことを確かめておく必要があるので，葉Cを用意しています。

30 植物のからだのつくりとはたらきのまとめ

▶▶▶ 本冊33ページ

1 (1)水蒸気(すいじょうき)　(2)でんぷん

(3)③…二酸化炭素　④…酸素

(4)できない。

(5)(例)植物の成長(に使われる)。

ポイント

(1) 根からとり入れられた水は，葉まで運ばれると，水蒸気になって気こうから外に出ていきます。これを蒸散(じょうさん)といいます。

(2)〜(4) 葉に日光が当たると，二酸化炭素がとり入れられてでんぷんがつくられます。このとき，酸素が出されます。

(5) 葉にできたでんぷんは，水にとけやすい物に変えられて，からだのすみずみに運ばれます。そして，植物の成長に使われるほか，いもや実，種子にたくわえられます。

31 植物のからだのつくりとはたらきのまとめ 暗号ゲーム

▶▶▶ 本冊34ページ

勉強した日　月　日

31 植物のからだのつくりとはたらきのまとめ

暗号ゲーム

▶▶▶ 答えは別冊8ページ

問題をといて，
答えにあるひらがなを順に並(なら)べましょう。

問題
① 植物の葉に日光が当たってできる物。
② 植物のからだから水が水蒸気(すいじょうき)となって出ていくこと。
③ 葉にある，水蒸気が出ていくあな。
④ 植物が，葉に日光が当たると出す気体。
⑤ 植物が，葉に日光が当たるととり入れる気体。
⑥ 植物が水を吸収(きゅうしゅう)するところ。
⑦ でんぷんがあるかどうかを調べる液。

答え	
い	気こう
き	でんぷん
ま	二酸化炭素
れ	蒸散(じょうさん)
わ	根
ひ	酸素
り	ヨウ素液

きれいな ひまわりがさいたよ！

32 生き物のくらしと環境 食べ物による生物のつながり

▶▶▶ 本冊35ページ

覚えよう ①植物　②でんぷん　③動物

考えよう

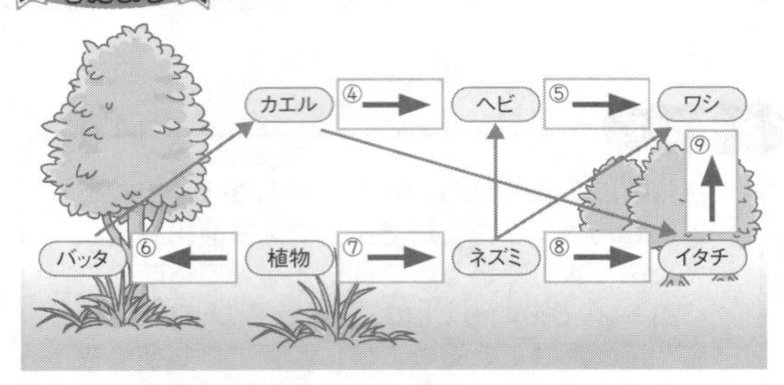

ことばのかくにん ⑩食物連鎖(しょくもつれんさ)

ポイント

生物には，「自分で養分（でんぷんなど）をつくることができる植物」と「ほかの生物を食べて養分をとり入れる動物」がいます。

「食べる・食べられる」の関係による生物どうしのつながりを，食物連鎖といいます。食物連鎖は，よく矢印を使って表されます。このとき，矢印の出発点が食べられる生物，矢印のとう着点が食べる生物となります。

33 生き物のくらしと環境 食べ物による生物のつながり 練習

▶▶▶ 本冊36ページ

1

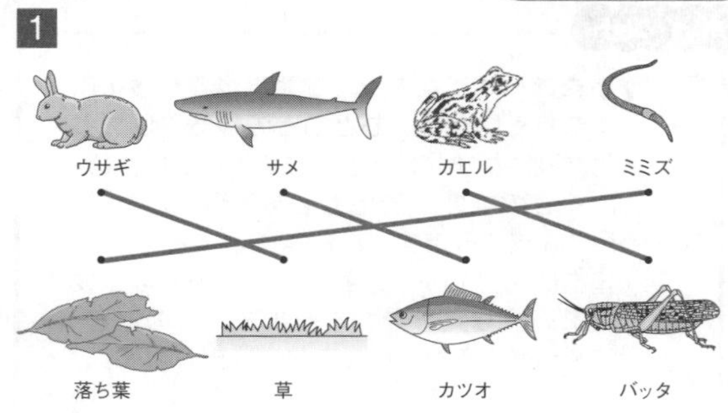

2 (1)ウ　(2)イ（→）ア（→）ウ

(3)食物連鎖

ポイント

1 ウサギは草などの植物を食べます。サメはカツオなどの魚を食べます。カエルはバッタなど小さな動物を食べます。ミミズは落ち葉などを食べます。

2 (1)自分で養分をつくることができるのは植物です。ア～エの中で，植物はウのタンポポだけです。キツネ，バッタ，フナは動物で，ほかの生物を食べて養分をとり入れます。
(2)食物連鎖は，土の中でも見られます。落ち葉はミミズに食べられ，ミミズはモグラに食べられます。

34 生き物のくらしと環境 食べ物による生物のつながり

本冊37ページ

1 (1)あ…カバーガラス
い…スライドガラス
(2)ろ紙

2 (1)A…イカダモ　B…ミジンコ
(2)B
(3)A（→）B（→）D（→）C

ポイント

1 (1)観察する物をスライドガラス（い）にのせ，あわが入らないように注意してカバーガラス（あ）をかけます。

2 (1)イカダモ（A）は，緑色をしていて，日光が当たると自分で養分をつくります。ミジンコ（B）はエビやカニのなかまで，自由に動き回ります。
(2)小さいものほど，高い倍率でないと観察できません。イカダモはけんび鏡でないと観察できませんが，ミジンコは肉眼でも動き回るようすが観察できます。

35 生き物のくらしと環境 生き物と空気や水のかかわり 理解

本冊38ページ

覚えよう ①水　②根　③水蒸気
④蒸散　⑤口　⑥にょう
考えよう ⑦二酸化炭素　⑧酸素

ポイント

植物は，根から水を吸収しています。水は，くきを通って葉まで運ばれ，水蒸気となって気こうから出ていきます。このはたらきを蒸散といいます。
動物は口から水を飲み，余分な水をにょうとしてからだの外に出しています。
空気による生物のつながりを考えるときは，植物を中心にして考えると，酸素や二酸化炭素のやりとりがわかりやすくなります。

36 生き物のくらしと環境 生き物と空気や水のかかわり

本冊39ページ

1 (1)生物A…植物　生物B…動物
(2)呼吸
(3)二酸化炭素（から）生物A（に向かう矢印）
(4)いえる。

ポイント

(1)酸素をとり入れる矢印と，酸素を出す矢印の両方がある生物Aが植物です。動物は，酸素をとり入れるだけで，出すことはありません。
(2)矢印アは，植物が酸素をとり入れることを表しているので，このはたらきは呼吸です。
(3)植物は，日光を受けてでんぷんをつくるときに二酸化炭素をとり入れるので，この図にぬけているのは，「二酸化炭素」から「生物A（植物）」に向かう矢印です。
(4)植物が減ったら，空気中の酸素が少なくなり，二酸化炭素が多くなって，動物は生きていけなくなります。

生き物のくらしと環境のまとめ

▶▶▶本冊40ページ

1 (1)A…エ　B…ウ　C…ア　D…イ

(2)イ　(3)ア

ポイント

(1)ア～エのうち，自分で養分をつくることのできる生物Aは，ボルボックスです。そして，ボルボックスを食べる生物Bはミジンコ，ミジンコを食べる生物Cはメダカ，メダカを食べる生物Dはザリガニです。

(2)食物連鎖(しょくもつれんさ)は，陸上だけでなく，水中や土の中でも見られ，水中から陸上，土の中から陸上へとつながっていくこともあります。

(3)食物連鎖における生物の数量関係は，ピラミッドの形で表すことができます。ふつう，ピラミッドのいちばん下がもっとも数の多い植物で，上の動物になるほど数は減っていきます。

38 生き物のくらしと環境のまとめ　暗号ゲーム

▶▶▶本冊41ページ

水溶液の性質とはたらき　水溶液にとけている物

▶▶▶本冊42ページ

覚えよう ①固体　②気体

考えよう ③④食塩水，石灰水(せっかいすい)　⑤塩酸

⑥炭酸水　⑦あおぐ　⑧石灰水　⑨二酸化炭素

ポイント

水溶液(すいようえき)から水を蒸発(じょうはつ)させたとき，つぶが残るのは，水溶液に固体がとけている場合です。また，水を蒸発させると何も残らないのは，水溶液に気体がとけている場合です。
炭酸水，食塩水，アンモニア水，石灰水，塩酸は，次のように整理できます。
固体がとけている水溶液…食塩水，石灰水
においのある気体がとけている水溶液
…塩酸，アンモニア水
においのない気体がとけている水溶液…炭酸水

水溶液の性質とはたらき　水溶液にとけている物

▶▶▶本冊43ページ

1 (1)炭酸水　(2)アンモニア水，塩酸

(3)食塩水，石灰水

(4)(例)水溶液に固体がとけていたから。

(5)炭酸水（，）石灰水

ポイント

(1)とう明であわが出ている水溶液は，炭酸水です。炭酸水には二酸化炭素（気体）がとけています。

(2)つんとしたにおいがあるのは，アンモニア水と塩酸です。アンモニア水にはアンモニア，塩酸には塩化水素(えんかすいそ)という気体がとけています。

(3)(4)蒸発したときに白いつぶが残るのは，食塩水と石灰水です。食塩水には食塩，石灰水には消石灰(しょうせっかい)（水酸化カルシウム）という固体がとけています。

(5)5種類の水溶液にとけている物のうち，二酸化炭素には石灰水を白くにごらせる性質があります。よって，二酸化炭素がとけている炭酸水と，石灰水を選びます。

水溶液の性質とはたらき

41 水溶液のなかま分け

本冊44ページ

覚えよう ①リトマス　②③④酸，中，アルカリ

⑤赤　⑥変化しない　⑦変化しない

⑧変化しない　⑨青

考えよう ⑩酸　⑪アルカリ　⑫中

ポイント

水溶液(すいようえき)を酸性，中性，アルカリ性になかま分けするときには，赤色と青色のリトマス紙を使います。
酸性では，青色のリトマス紙は赤色になり，赤色のリトマス紙は変化しません。
アルカリ性では，青色のリトマス紙は変化しませんが，赤色のリトマス紙は青色になります。
中性では，青色のリトマス紙も赤色のリトマス紙も，色が変化しません。

水溶液の性質とはたらき

42 水溶液のなかま分け

本冊45ページ

1 (1)3つ　(2)アルカリ性　(3)酸性

(4)中性　(5)ない。

(6)イ(，)ウ

ポイント

(1)～(5)リトマス紙を使うと，水溶液は，酸性，中性，アルカリ性の3つのなかまに分けられます。リトマス紙の色の変化は，次のとおりです。

	酸性	中性	アルカリ性
青色のリトマス紙	赤色	変化なし	変化なし
赤色のリトマス紙	変化なし	変化なし	青色

(6)リトマス紙を持つときは，あせや水分がつかないように，ピンセットで持ちます。また，リトマス紙に水溶液をつけるときは，ガラス棒(ぼう)を使って少量だけつけます。

水溶液の性質とはたらき

43 水溶液のなかま分け

本冊46ページ

1 (1)A…ア　B…ア　C…ウ　D…イ　E…ア

(2)酸性…塩酸，炭酸水　中性…水，食塩水
　アルカリ性…石灰水(せっかいすい)，アンモニア水

(3)ア(，)ウ

ポイント

(1)(2)食塩水は中性の水溶液なので，赤色のリトマス紙は変化しません。
アンモニア水はアルカリ性の水溶液なので，青色のリトマス紙は変化しませんが，赤色のリトマス紙は青色になります。
炭酸水は酸性の水溶液なので，青色のリトマス紙は赤色になりますが，赤色のリトマス紙は変化しません。

(3)リトマス紙のほかに，ムラサキキャベツの液やBTB(ビーティービー)溶液を使って水溶液をなかま分けすることができます。ヨウ素液は，でんぷんがあるかどうかを調べるときに使う液です。

水溶液の性質とはたらき

44 水溶液と金属

本冊47ページ

覚えよう ①あわ〔気体〕　②とける

③あわ〔気体〕　④とける

考えよう ⑤出さずに　⑥出さずに

⑦通さなかった。　⑧通さなかった。

⑨別の〔ちがう〕

ポイント

鉄やアルミニウムをうすい塩酸に入れると，どちらもさかんにあわを出してとけます。このことから，うすい塩酸には，金属をとかすはたらきがあることがわかります。
鉄やアルミニウムには電気が通りますが，うすい塩酸に鉄をとかした液を蒸発(じょうはつ)させて出てきた固体や，うすい塩酸にアルミニウムをとかした液を蒸発させて出てきた固体には，電気が通りません。このことから，金属がうすい塩酸にとけると，もとの金属とは別の物ができることがわかります。

水溶液の性質とはたらき

45 水溶液と金属

▶▶▶ 本冊48ページ

1 (1)イ　(2)ア

(3)②に○

(4)ウ

ポイント

アルミニウムに水を注いでも変化はありませんが，うすい塩酸を注ぐと，さかんにあわを出してとけます。
うすい塩酸にアルミニウムがとけてできた液（試験管 B）を加熱して水を蒸発(じょうはつ)させると，白色の固体が出てきます。この固体は，アルミニウムとはちがう性質をもっているので，アルミニウムではありません。このように，うすい塩酸には，金属をとかして別の物に変えるはたらきがあります。

水溶液の性質とはたらき

46 水溶液と金属

▶▶▶ 本冊49ページ

1 (1)①…あわを出さずにとける。

②…とけない　③…通さない

④…つかない

(2)(例)金属をとかして，別の物に変えるはたらき(がある)。

(3)アルミニウム…あわ〔気体〕を出してとける。

鉄…とけない。

ポイント

(1) 磁石(じしゃく)につくのは鉄の性質で，すべての金属にあてはまるわけではないことに注意しましょう。
(2) この実験から，アルミニウムとうすい塩酸にアルミニウムがとけた液から出てきた固体，鉄とうすい塩酸に鉄がとけた液から出てきた固体は，ちがう性質をもつ別の物であることがわかります。
(3) アルミニウムにうすい水酸化ナトリウム水(すい)溶液(ようえき)を注ぐと，アルミニウムはとけますが，鉄にうすい水酸化ナトリウム水溶液を注いでも，鉄はとけません。
また，食塩水，さとう水にはアルミニウムも鉄もとけません。
このように，すべての水溶液が金属をとかすはたらきをもつわけではないことに注意しましょう。

47 水溶液の性質とはたらきのまとめ

▶▶▶ 本冊50ページ

1 (1)(例)気体がとけている水溶液だから。

(2)炭酸水

(3)試験管②…うすい塩酸

試験管④…アンモニア水

(4)試験管①…石灰水(せっかいすい)　試験管③…食塩水

ポイント

(2) 気体がとけている炭酸水，アンモニア水，塩酸のうち，においがないのは炭酸水です。
(3) 青色のリトマス紙を赤色にするのは酸性の水溶液なので，試験管②にはうすい塩酸，試験管④にはアンモニア水が入っていることがわかります。
(4) 固体がとけている水溶液は石灰水（アルカリ性）と食塩水（中性）です。赤色のリトマス紙を青色にするのはアルカリ性の水溶液なので，試験管①には石灰水，試験管③には食塩水が入っていることがわかります。

水溶液の性質とはたらきのまとめ

48 どんな絵が出てくるかな？

▶▶▶ 本冊51ページ

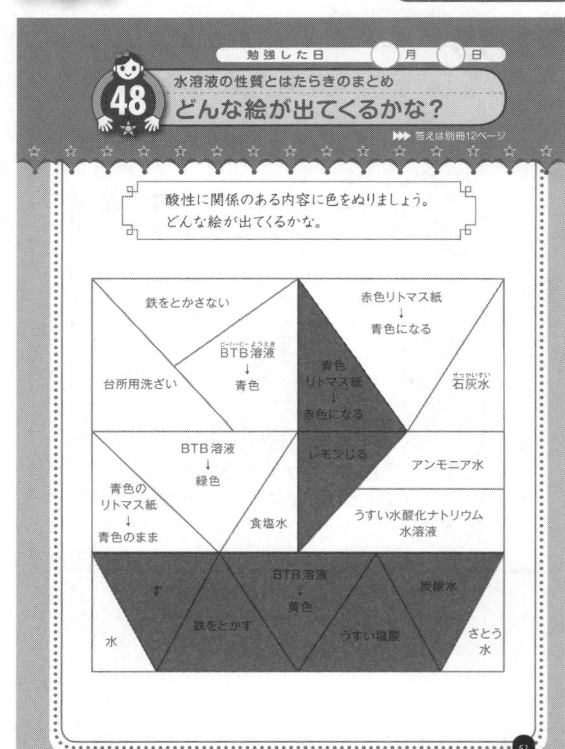

太陽と月の形

太陽と月

▶▶▶本冊52ページ

覚えよう ①球形　②球形

③④岩〔岩石〕，砂(すな)　⑤太陽　⑥反射(はんしゃ)

⑦クレーター

ことばのかくにん ⑧クレーター

ポイント

太陽は，たえず強い光を出して光っています。この光が，地球に明るさとあたたかさをもたらしています。
月は，自分で光を出すことはできず，太陽の光を反射して光っています。また月の表面には，クレーターとよばれる，石や岩がぶつかってできた円形のくぼみがたくさんあります。

太陽と月の形

太陽と月

▶▶▶本冊53ページ

1 (1)球形　(2)球形
(3)月　(4)月　(5)クレーター　(6)月
(7)太陽…ウ　月…ア

ポイント

(1)(2)太陽も月も，球形をしています。
(3)太陽はガスでできていて，たえず強い光を出しています。
(4)～(6)月の表面は，岩や砂でおおわれていて，クレーターとよばれる円形のくぼみがたくさんあります。
(7)太陽は，自分で強い光を出して光っていますが，月は，自分で光を出すことができず，太陽の光を反射して光って見えます。

太陽と月の形

月の形の変化①

▶▶▶本冊54ページ

覚えよう ①満月　②半月〔下弦(かげん)の月〕　③新月
④三日月

考えよう ⑤東　⑥西　⑦東　⑧南　⑨形
⑩位置〔方位〕

ポイント

月の形には名前がついています。地球から見えないときが新月，新月から３日後が三日月です。また，月がかけることなく丸い形に見えているときが満月，月が半分だけかけて半円形に見えているときが半月です。
このように月は，日によって形を変えます。そして，同じ日ぼつ直後でも，満月は東の空，半月は南の空，三日月は西の空というように，見える位置も日によって変わります。

太陽と月の形

月の形の変化①

▶▶▶本冊55ページ

1

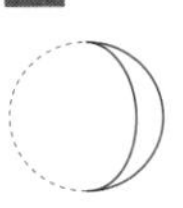

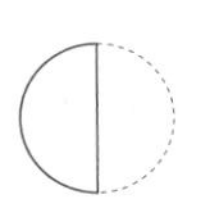

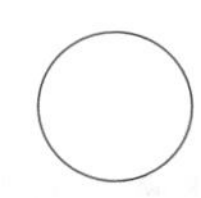

新月　三日月　満月　半月

2 (1)後　(2)ア　(3)イ(，)ウ

ポイント

1 地球から見えないときが新月，新月から３日後が三日月です。また，月がかけることなく丸い形に見えているときが満月，月が半分だけ見えているときが半月です。
2 (1)日ぼつ直後に見える月の位置は，少しずつ西から東に動いて見えます。また，西になるほど光って見える部分が少なくなるので，南の空に半月が見えるのは，図の月を観察した日よりも後とわかります。
(2)日ぼつ直後の満月は，東の空に見えます。

太陽と月の形

月の形の変化②

▶▶▶本冊56ページ

覚えよう ①新月　②三日月　③半月〔上弦(じょうげん)の月〕
④満月　⑤反対〔逆〕　⑥太陽の光　⑦見えない
⑧光っている〔かがやいている〕　⑨太陽
⑩１か月〔30日〕

ポイント

月は，太陽の光を反射（はんしゃ）して光って見えます。また，太陽と月の位置関係は毎日少しずつ変わります。そのため，月は，太陽の光の当たる部分が毎日変化し，日によって形がちがって見えるのです。太陽は，地球から見て，いつも月の光っている側にあります。そして，月の見え方は，約１か月でもとにもどります。

54 太陽と月の形　月の形の変化②

▶▶▶ 本冊57ページ

1 (1)新月　(2)満月　(3)右側

2 (1)B…イ　C…ウ　E…エ

(2)(日によって,)(例)太陽と月の位置関係が変わるから。

ポイント

1 (1)(2)太陽と同じ側にあって，地球からは見えない月を新月といいます。また，太陽の反対側にあり，丸い形に見える月を満月といいます。

(3)太陽は，月の光っている側にあるので，月の右半分が光っているとき，太陽は月の右側にあります。

2 (1)月がＢの位置にあるときは，太陽の光が月の右側から当たっていて，Ａの新月の位置とＣの半月の位置の間なので，イのような三日月に見えます。Ｅの位置は，太陽の反対側なので，このときの月は，満月です。

(2)月は，太陽の光を反射して光ります。太陽と月の位置関係は毎日少しずつ変わるので，太陽の光が当たっていて，地球から見える部分も毎日変わり，形がちがって見えます。

55 太陽と月の形のまとめ

▶▶▶ 本冊58ページ

1 (1)(ア→)ウ(→)イ(→)エ(→)オ

(2)三日月

(3)(例)月が太陽と同じ側にあるから。

(4)左側　(5)ウ　(6)日ぼつのころ

(7)(例)太陽は，自分で光を出して光っているから。

ポイント

(1)(2)月の見え方の変化は，下のとおりです。

新月　三日月　半月　満月

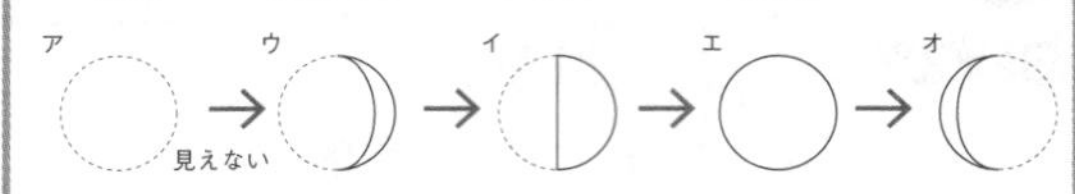

(4)オの月は，左側が光っているので，太陽は月の左側にあります。

(6)イの月は，右半分が光っているので，太陽は月の右側にあることになります。イの月が南の空にあり，太陽が右側つまり西の方角にあるのは，日ぼつのころです。

56 太陽と月の形のまとめ　月のめいろ

▶▶▶ 本冊59ページ

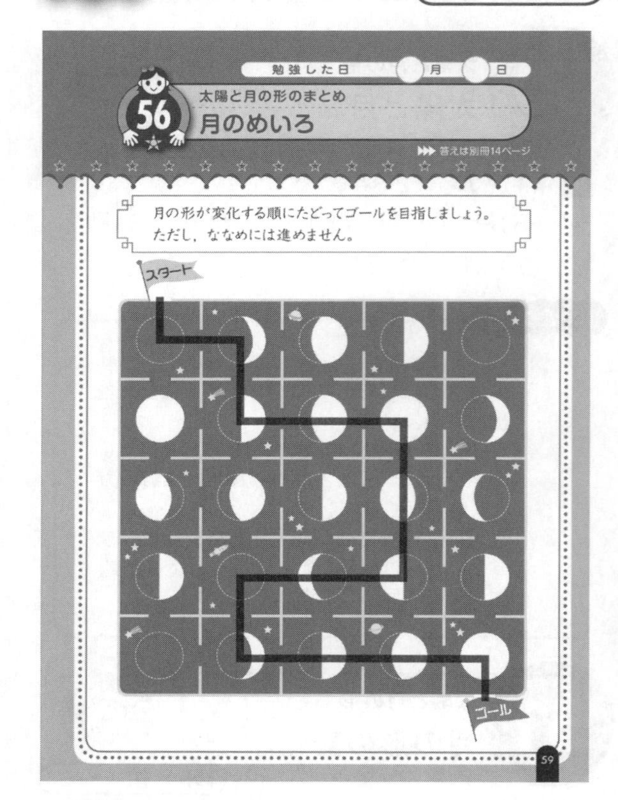

57 大地のつくりと変化　大地のようすと地層

▶▶▶ 本冊60ページ

覚えよう ①地層（ちそう）　②れき　③どろ　④れき　⑤砂（すな）　⑥どろ

ことばのかくにん ⑦地層　⑧ボーリング(調査)

ポイント

れき，砂，どろなどのつぶがしまのように重なった物を地層といいます。
地層がしま模様に見えるのは，それぞれの層をつくっているつぶの色や大きさがちがっているからです。
つぶの大きさは，れきがいちばん大きく，砂，どろの順に小さくなります。

大地のつくりと変化

58 大地のようすと地層

本冊61ページ

1 (1)地層　(2)ウ　(3)どろ(→)砂(→)れき
(4)ボーリング試料　(5)軍手〔手ぶくろ〕

ポイント

(2)(3) れきとは，つぶの大きさが 2mm 以上の物のことです。これよりもつぶの小さい物を砂，さらにつぶが小さい物をどろといいます。
(4) 地下深くの土や岩石をほり出して，地下のようすを調べることをボーリングといいます。
(5) がけを観察するときは，けがをしないように長そで，長ズボン，軍手を身につけ，運動ぐつをはきます。

大地のつくりと変化

59 地層のでき方

本冊62ページ

覚えよう　①流れる水　②運ぱん　③たい積
④しん食　⑤運ぱん　⑥たい積　⑦火山灰

ポイント

地層のでき方は，大きく 2 つに分かれます。1 つは，流れる水のはたらきによって，れきや砂，どろなどがしん食，運ぱん，たい積されてできたものです。もう 1 つは，火山のはたらきによって，火山灰などが降り積もってできたものです。流れる水のはたらきでできた地層の中には，川を流れるうちに角がけずれてまるみを帯びたつぶが多く見られますが，火山のはたらきでできた地層の中には，角ばったつぶが見られます。

大地のつくりと変化

60 地層のでき方

本冊63ページ

1 (1)たい積　(2)運ぱん　(3)しん食
(4)(3)(→)(2)(→)(1)　(5)イ

2 (1)火山灰　(2)ア

ポイント

1 流れる水のはたらきによる地層のでき方をまとめると，次のようになります。
しん食…流れる水が土や石をけずる。
↓
運ぱん…流れる水が土や石を運ぶ。
↓
たい積…流れる水が土や石を積もらせる。
このようにしてできた地層にふくまれるつぶは，まるみを帯びています。

2 火山が噴火すると，火山灰とよばれる細かいつぶの灰などが降り積もって地層ができることがあります。このようにしてできた地層のつぶは，角ばっています。

大地のつくりと変化

61 地層のでき方

本冊64ページ

1 (1)れき…ウ　砂…イ　どろ…ア
(2)たい積　(3)イ

2 (1)A　(2)D

ポイント

1 この実験は，流れる水のはたらきのうち，たい積(れきや砂，どろを積もらせるはたらき)について調べようとしたものです。れき，砂，どろを水に入れると，つぶの大きい物ほど重いため，早くしずみます。

2 (1) 火山が噴火すると，火山灰などが降り積もります。よって，火山の噴火によってできた層は A です。
(2) B のどろ，C の砂，D のれきのうち，つぶの大きさがいちばん大きいのは D のれきです。れき→砂→どろの順につぶが小さくなります。

62 大地のつくりと変化 地層からわかること

▶▶▶本冊65ページ

覚えよう ①れき ②砂 ③どろ ④流れる水 ⑤火山 ⑥化石 ⑦できる

ことばのかくにん ⑧化石

ポイント

たくさんのれきが砂などで固められてできた岩石をれき岩，砂が固まってできた岩石を砂岩，どろなどが固まってできた岩石をでい岩といいます。このような岩石は，流れる水のはたらきによってできたものです。
大昔の生き物のからだや，生活のあとが残った物を化石といいます。化石を手がかりにして，地層ができた年代や，地層ができたときの環境を知ることができます。

63 大地のつくりと変化 地層からわかること

▶▶▶本冊66ページ

1 (1)エ (2)ウ (3)ウ (4)イ

ポイント

(1) 火山灰の層があることから，この地域では昔，火山の噴火が起こったことがわかります。
(2) れきは，つぶが大きいので重いため，遠くまで流されず，早くしずみます。このことから，この地域は川の河口だったと考えられます。
(3) サンゴは，沖縄の海などのあたたかくて浅い海にすむ生き物です。このことから，砂の層ができたころは，あたたかくて浅い海だったと考えられます。
(4) A 地点と C 地点は，層の重なりの順番が同じことから，この地域の地層はつながっているといえます。よって，B 地点では，A 地点の地層を少し下にずらしたイの地層が見られます。

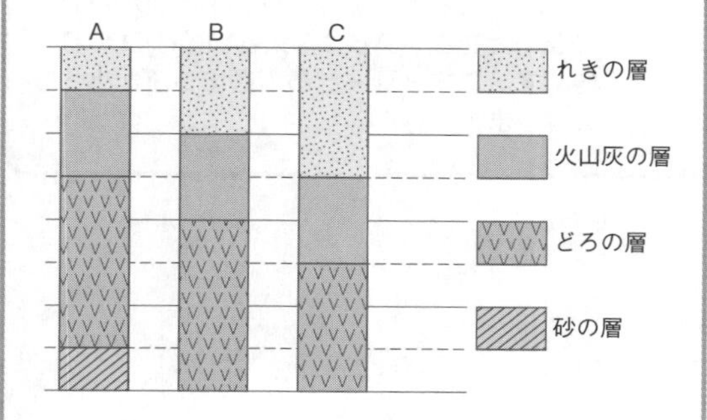

64 大地のつくりと変化 火山

理解

▶▶▶本冊67ページ

覚えよう ①溶岩 ②火山灰 ③溶岩 ④火山灰 ⑤山 ⑥湖 ⑦イ ⑧エ ⑨ア ⑩ウ

ポイント

火山が噴火すると，どろどろとした溶岩が流れ出たり，細かいつぶである火山灰などがふき出します。そして，大地のようすが大きく変化することもあります。また，田畑が火山灰にうもれてしまうなど，人びとの生活に大きなえいきょうをあたえることもあります。
有珠山は北海道，雲仙普賢岳は長崎県，三宅島は東京都，桜島は鹿児島県にあります。

65 大地のつくりと変化 火山

▶▶▶本冊68ページ

1 (1)A…溶岩 B…火山灰
(2)①× ②○ ③× ④○ ⑤○ ⑥○
(3)西之島 (4)ア

ポイント

(2) 火山が噴火すると，火口に水がたまったり，流れ出した溶岩によって川がせきとめられたりして湖ができたり，溶岩が固まって新しい山ができたりすることがあります。また，ふき出した火山灰が田畑をおおい，農作物がつくれなくなったりすることもあります。
(3) 西之島は東京都にあり，海底にある火山の噴火によってふき出された溶岩によって海がうめられてできた新しい島が，もとの西之島とつながって，面積が大きくなりました。

66 大地のつくりと変化 地震

▶▶▶本冊69ページ

覚えよう ①地下 ②断層 ③津波 ④断層 ⑤災害

ことばのかくにん ⑥断層 ⑦液状化(現象) ⑧きん急地震速報

ポイント

地下で大きな力がはたらいて，大地にずれ（断層）ができることで，地震が起こります。
地震が起こると，山やがけがくずれたり，地割れが生じたりすることがあります。地震が海底で起こると，津波が発生することもあります。
液状化現象が起こると，砂や土が水とともにふき出して，建物がかたむいたり，ガス管や水道管が破かいされたりすることがあります。
きん急地震速報は，地震が発生した地点に近い観測地点での観測データをもとに，大きなゆれがくる時刻や大きさを予想します。

67 大地のつくりと変化 地震

▶▶▶ 本冊70ページ

1 (1)断層　(2)大きな力　(3)海底
(4)ア，オ，ク

ポイント

(1)(2) 地下で，大きな横向きの力がはたらいて断層（大地のずれ）ができます。
(3) 海底で大きな地震が起こると，海底が大きく動くことで，海面が大きく上下し，大きな波となって，まわりに広がっていきます。
(4) 地震によって，地割れが生じたり，建物や道路がこわれたり，山くずれやがけくずれが起こったりといった災害が起こることがあります。
ウ，エ，キは，火山の噴火によって起こる災害，イとカは台風によって起こる災害です。

68 大地のつくりと変化のまとめ

▶▶▶ 本冊71ページ

1 (1)地層　(2)(例)火山の噴火が起こった。
(3)イ　(4)化石
(5)

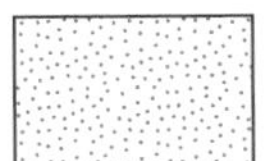

ポイント

(1) さまざまな色や大きさのつぶがしま模様のように重なった物を，地層といいます。
(3) どろは，れき，砂よりもつぶが小さく，軽いため，流れる水のはたらきによって遠くまで運ばれてからしずみます。このことから，どろの層は河口から遠い海の底でできたと考えられます。
(5) 火山の噴火によってできた火山灰の層を手がかりに考えます。A 地点と B 地点では，火山灰の層の下にどろの層，その下に砂の層があります。このことから，C 地点の地層も同じ順に層が重なっていると考えられます。

69 大地のつくりと変化のまとめ 土の中めいろ

▶▶▶ 本冊72ページ

70 てこのはたらき てこのしくみ

▶▶▶ 本冊73ページ

覚えよう ①てこ　②作用点　③支点　④力点
⑤短〔小さ〕　⑥長〔大き〕

ポイント

棒のある１点を支えとして，棒の一部に力を加えて，物を持ち上げたり動かしたりする物を「てこ」といいます。てこには，棒に力を加える位置＝力点，棒を支える位置＝支点，棒に加えた力が物にはたらく位置＝作用点の３つの点があります。
てこを使って物を持ち上げるとき，支点と作用点の間のきょりを短くするほど，また，支点と力点の間のきょりを長くするほど，小さな力で物を持ち上げることができます。

71 てこのはたらき てこのしくみ

本冊74ページ

1 (1)①…作用点　②…支点　③…力点
(2)①　(3)②　(4)③　(5)ア，エ，オ

ポイント

(1)〜(4) てこには，棒に力を加える位置＝力点，棒を支える位置＝支点，棒に加えた力が物にはたらく位置＝作用点があります。
(5) より小さな力で持ち上げるには，作用点①と支点②の間のきょりを短くするか，支点②と力点③の間のきょりを長くします。イ，ウは，支点②と力点③の間のきょりが短くなるので，まちがいです。カは，作用点①と支点②の間のきょりが長くなるので，まちがいです。

72 てこのはたらき てこのはたらきのきまり

本冊75ページ

覚えよう　①力　②支点

考えよう　③60(g)　④3　⑤10(g)
⑥⑦30，2　⑧60
⑨右のうでのてこをかたむけるはたらき

ポイント

てこをかたむけるはたらきは，力の大きさ〔おもりの重さ〕×支点からのきょり〔おもりの位置〕で求められます。
また，左のうでのてこをかたむけるはたらきと，右のうでのてこをかたむけるはたらきが等しくなったときに，てこは水平につり合います。

73 てこのはたらき てこのはたらきのきまり

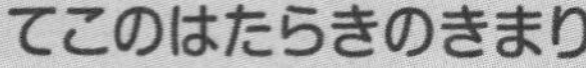

本冊76ページ

1 (1)①60
②左のうでのてこをかたむけるはたらき…150
　右のうでのてこをかたむけるはたらき…150
③左のうでのてこをかたむけるはたらき…40
　右のうでのてこをかたむけるはたらき…120
(2)②

ポイント

(1) てこをかたむけるはたらきは，力の大きさ〔おもりの重さ〕×支点からのきょり〔おもりの位置〕で求めます。
①右のうでのおもりの重さは 10g，おもりの位置は 6 なので，$10 \times 6 = 60$
②左のうでのおもりの重さは 30g，おもりの位置は 5 なので，$30 \times 5 = 150$
右のうでのおもりの重さは 50g，おもりの位置は 3 なので，$50 \times 3 = 150$
③左のうでのおもりの重さは 40g，おもりの位置は 1 なので，$40 \times 1 = 40$
右のうでのおもりの重さは 30g，おもりの位置は 4 なので，$30 \times 4 = 120$
(2) てこがつり合うのは，左のうでのてこをかたむけるはたらきと，右のうでのてこをかたむけるはたらきが等しくなったときなので，②を選びます。

74 てこのはたらき てこのはたらきのきまり

本冊77ページ

1 ①…20(g)　②…20(g)　③…6　④…6

2

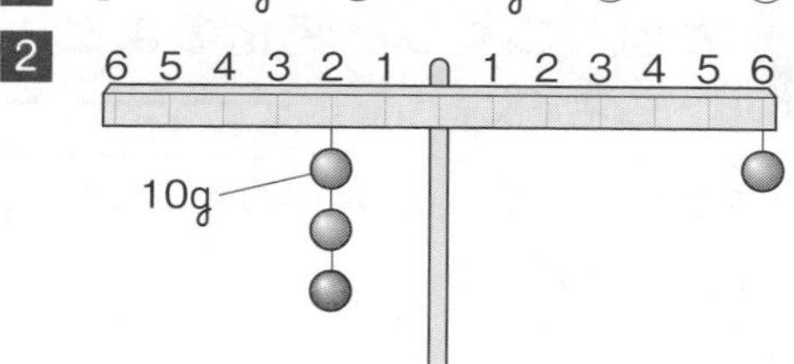

ポイント

1 てこが水平につり合うのは，右のうでのてこをかたむけるはたらきと，左のうでのてこをかたむけるはたらきが等しいときです。

①左のうでのおもりの重さは 10g，おもりの位置は 2 なので，10 × 2 = 20
右のうでのおもりの位置は 1 なので，おもりの重さは，20 ÷ 1 = 20(g)

②左のうでのおもりの重さは 20g，おもりの位置は 5 なので，20 × 5 = 100
右のうでのおもりの位置は 5 なので，おもりの重さは，100 ÷ 5 = 20(g)

③左のうでのおもりの重さは 30g，おもりの位置は 4 なので，30 × 4 = 120
右のうでのおもりの重さは 20g なので，おもりの位置は，120 ÷ 20 = 6

④左のうでのおもりの重さは 30g，おもりの位置は 2 なので，30 × 2 = 60
右のうでのおもりの重さは 10g なので，おもりの位置は，60 ÷ 10 = 6

2 左のうでのてこをかたむけるはたらきは，20 × 2 = 40，右のうでのてこをかたむけるはたらきは，10 × 6 = 60　です。左のうでのてこをかたむけるはたらきを 20 ふやせばよいので，左のうでの 2 の位置に 10g のおもりを 1 個かきます。

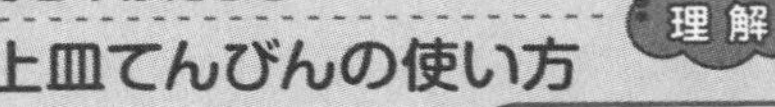

75 てこのはたらき 上皿てんびんの使い方 理解

▶▶▶本冊78ページ

覚えよう ①うで　②調節ねじ　③同じ〔等しい〕　④左　⑤重い　⑥同じ〔等しい〕　⑦左

ポイント

上皿てんびんを使うときは，まず針（はり）が中心から左右に同じはばでふれるように，調節ねじを回してつり合わせます。このとき，針が止まるのを待つ必要はありません。
物の重さをはかるときは，重い分銅からのせ，分銅が重すぎたときは次に重い分銅に変えます。

76 てこのはたらき 上皿てんびんの使い方 練習

▶▶▶本冊79ページ

1 ①○　②×　③×　④○　⑤×

2 (1)い　(2)イ　(3)あ

ポイント

1 ②針が中心から左右に同じはばでふれていればつり合っています。③分銅は，ピンセットを使って持ちます。⑤使い終わったら，分銅や皿はかわいた布でふきます。

2 (1)物の重さをはかるときは，分銅を動かしやすいように，きき手に近い方（右ききの人は右）の皿に，分銅をのせます。
(3)決まった量の粉をはかりとるときは，粉を少しずつのせてつり合わせるために，分銅はきき手の反対側（右ききの人は左）の皿にのせておきます。

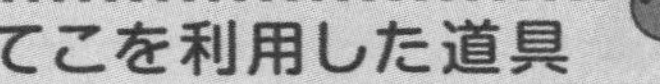

77 てこのはたらき てこを利用した道具 理解

▶▶▶本冊80ページ

覚えよう ①作用点　②支点　③力点　④支点　⑤作用点　⑥力点　⑦支点　⑧作用点　⑨力点　⑩支点

ポイント

てこを利用した道具は，支点，力点，作用点の位置関係で大きく 3 つに分かれます。
はさみなどのように，支点が力点と作用点の間にある道具は，使い方によって，加えた力よりも大きな力，小さな力の両方を作用点にはたらかせることができます。

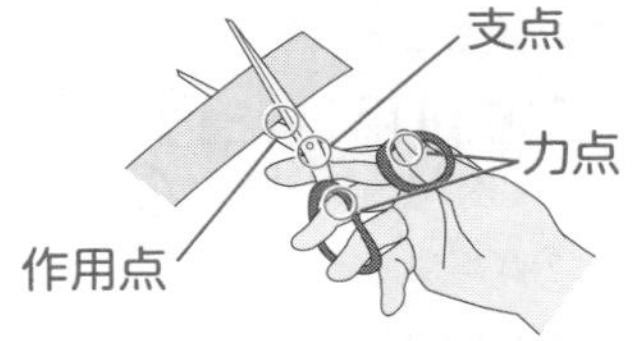

せんぬきのように，作用点が支点と力点の間にある道具は，加えた力よりも大きな力が作用点にはたらきます。

ピンセットのように，力点が支点と作用点の間にある道具は，加えた力よりも小さな力が作用点にはたらきます。

78 てこのはたらき てこを利用した道具 練習

▶▶▶ 本冊81ページ

1 (1)

①

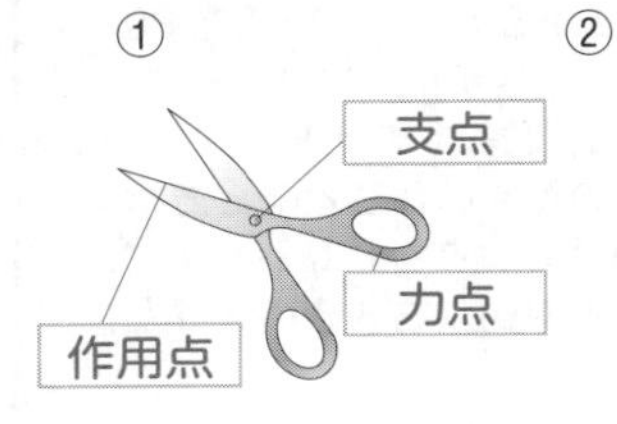

②

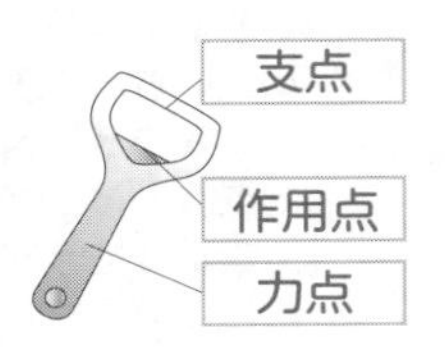

(2)はさみと同じもの…ウ　せんぬきと同じもの…ア

(3)イ

ポイント

(1)はさみは，作用点→支点→力点，せんぬきは，支点→作用点→力点の順に並んでいます。

(2)はさみと同じように3点が並んでいるのは，ウのバールです。また，せんぬきと同じように3点が並んでいるのは，アのカッター(断裁機)です。イのピンセットは，支点→力点→作用点と3点が並んでいます。

(3)ピンセットのように，支点→力点→作用点と並んでいる道具では，加えた力より小さい力が作用点にはたらきます。これによって，細かい作業ができるようになり，便利です。

79 てこのはたらき てこを利用した道具 練習

▶▶▶ 本冊82ページ

1 (1)①B　②A　③C　(2)A

(3)長い〔大きい〕　(4)C

(5)(例)支点から力点までのきょりより，支点から作用点までのきょりが長いから。〔力点が支点と作用点の間にあるから。〕

ポイント

(2)(3)せんぬきのように，作用点が支点と力点の間にある道具は，支点から力点までのきょりが，支点から作用点までのきょりよりも長いので，作用点に加わる力が力点に加えた力よりも大きくなります。

(4)(5)ピンセットのように，力点が支点と作用点の間にある物は，支点から力点までのきょりより，支点から作用点までのきょりが長いので，作用点に加わる力が力点に加えた力よりも小さくなります。

80 てこのはたらきのまとめ

▶▶▶ 本冊83ページ

1 (1)②　(2)①　(3)ア　(4)⑥

(5)⑤　(6)イ

2 左

ポイント

1 (1)～(3)①は作用点，②は支点，③は力点です。支点と力点のきょりを短くすると，石を持ち上げるのに必要な力は大きくなります。

(4)～(6)④は力点，⑤は作用点，⑥は支点です。作用点と支点のきょりを短くすると，石を持ち上げるのに必要な力は小さくなります。

2 おもりを左右に1個ずつふやすと，左のうでのてこをかたむけるはたらきは，30 × 6 = 180，右のうでのてこをかたむけるはたらきは，50 × 3 = 150になります。よって，てこは左にかたむきます。

81 てこのはたらきのまとめ 鳥の丸焼きはいくつできる?

▶▶▶ 本冊84ページ

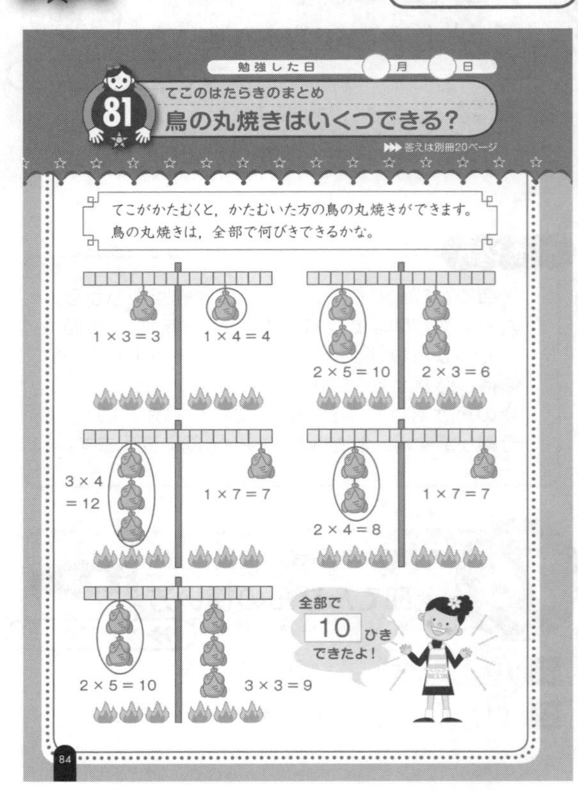

発電と電気の利用

電気をつくる

▶▶▶ 本冊85ページ

覚えよう ①発電　②電流　③逆向き〔反対〕

④速く　⑤発電　⑥逆〔反対〕　⑦大きい

ことばのかくにん ⑧発電　⑨手回し発電機

ポイント

電気をつくることを発電といい，手回し発電機や光電池で発電することができます。
手回し発電機をモーターにつなぎ，ハンドルを回すと，電流が流れます。ハンドルを逆向きに回すとモーターは逆向きに回り，ハンドルを速く回すとモーターも速く回ります。また，ハンドルを回す回数をふやすほど，発電する電気の量もふえます。
光電池に光を当てると，電流が流れます。電気を当てるのをやめると，電流は流れなくなります。光電池に当たる光を強くすると，大きな電流が流れます。

発電と電気の利用

電気をつくる

▶▶▶ 本冊86ページ

1 (1)手回し発電機　(2)回る。
(3)逆向きに回る。〔反対向きに回る。〕
(4)つく。　(5)明るくなる。
(6)出ない。

ポイント

図のような電気をつくる器具を，手回し発電機といいます。手回し発電機をモーター，豆電球，電子オルゴールにつないだときのようすは，それぞれちがっているので，まとめて理解しておきましょう。
ハンドルを回す…モーター→回る。
　　　　　　　　豆電球→つく。
　　　　　　　　電子オルゴール→音が出る。
ハンドルを逆向きに回す…
　　　　　　　　モーター→逆向きに回る。
　　　　　　　　豆電球→つく。
　　　　　　　　電子オルゴール…音は出ない。
電子オルゴールは，決まった向きに電流が流れたときだけ音が出ることに注意しましょう。

発電と電気の利用

電気をつくる

▶▶▶ 本冊87ページ

1 (1)発電　(2)ウ　(3)イ
(4)①小さく　②ゆっくり〔おそく〕

ポイント

(2) 光電池に光を当てるのをやめると，光電池は発電できなくなるので，モーターに電流が流れなくなり，モーターは止まってしまいます。
(3) 光電池をつなぐ向きを逆にすると，モーターに流れる電流が逆向きになり，モーターは逆向きに回ります。
(4) 半とう明のシートをかぶせているので，光電池に当たる光は弱くなります。当たる光が弱くなると，光電池からモーターに流れる電流が小さくなるので，モーターはゆっくり回ります。

発電と電気の利用

電気の利用

▶▶▶ 本冊88ページ

覚えよう ①コンデンサー　②蓄電(ちくでん)〔充電(じゅうでん)〕
③運動

考えよう ④同じ　⑤長(い)

ポイント

手回し発電機などで発電した電気は，コンデンサーなどにためることができます。電気をためたコンデンサーを豆電球につなぐと，電気を光に変えることができます。また，電子オルゴールにつなぐと，電気を音に変えることができ，モーターにつなぐと，電気を運動に変えることができます。
豆電球は，電気を光に変えるだけでなく，熱にも変えているので，明かりのついた豆電球にさわると，あたたかく感じます。一方，発光ダイオードは，電気のほとんどを光に変えるので，さわってもほとんどあたたかく感じません。

86 発電と電気の利用 電気の利用

▶▶▶ 本冊89ページ

1 (1)電気をためる器具〔蓄電〔充電〕する器具〕

(2)ウ　(3)ウ　(4)ウ

ポイント

(1)電気をためることを，蓄電〔充電〕といいます。
(2)ハンドルを回す回数が多くなると，ハンドルを回す手ごたえはだんだん軽くなっていきます。
(3)ハンドルを 20 回回すと，豆電球の明かりは 10 回のときよりも 5 秒長い 13 秒つくので，30 回回すと，さらに長い時間つくと考えられます。
(4)発光ダイオードは，豆電球よりも効率よく電気を光に変えます。よって，発光ダイオードは，ハンドルを 20 回回したときの豆電球の明かりがつく時間（13 秒）よりも，かなり長い時間明かりがつくことができます。

87 発電と電気の利用 電気の利用

▶▶▶ 本冊90ページ

1 (1)①ア　②イ　③エ
(2)④ウ　⑤ア　⑥イ

2 (1)①プログラム　②プログラミング
(2)センサー

ポイント

1 電気製品は，電気を光や音，熱，運動などに変えて利用しています。電気製品の中には，センサーとコンピュータを利用して，電気を効率よく使うためにくふうされている物があります。
2 (2)センサーには，人を感知する人感センサーや明るさを感知する明るさセンサー，温度を感知する温度センサー，とびらの開閉を感知するとびらセンサーなどさまざまな物があります。

88 発電と電気の利用のまとめ

▶▶▶ 本冊91ページ

1 (1)(例)ハンドルをたくさん回す。
〔ハンドルを回す回数を多くする。〕

(2)①○　②×　③○　④×

(3)①…熱　②…音　③…音　④…運動
⑤…運動　⑥…熱

ポイント

(1)手回し発電機は，ハンドルをたくさん回すほど，たくさんの電気を発電します。
(2)豆電球も発光ダイオードも，電気を光に変えて利用する電気製品ですが，発光ダイオードの方が，豆電球よりも少ない電気で長い時間点灯することができます。
(3)アイロン，こたつは電気を熱に変えて利用するものです。チャイム，ヘッドホンは電気を音に変えて利用するものです。モーター，せん風機は電気を運動に変えて利用するものです。このほかにも，身のまわりにある電気製品について考えてみましょう。

89 人と環境 人と環境のかかわり

▶▶▶ 本冊92ページ

覚えよう ①酸素　②二酸化炭素
③高く　④温暖化　⑤野菜　⑥海　⑦水蒸気
⑧じゅんかん

ポイント

人は，空気や水など，環境と深くかかわりあって生活しています。
自動車，火力発電などによって化石燃料を燃やすことで，たくさんの二酸化炭素が空気中に出されています。空気中の二酸化炭素がふえることで，地球の平均気温が高くなる「地球の温暖化」という環境問題が引き起こされているといわれています。地球の温暖化が進むと，北極や南極の氷がとけてしまう可能性があります。
また，わたしたちは，米や野菜，動物などを育てるために，また，洗たくや食器洗い，おふろなどのために，大量の水を毎日使っています。その水は，川から海へと流れて蒸発して水蒸気となります。水蒸気は雨となってふたたび地上にもどってくるので，水は地球上をじゅんかんしているといえます。

90 人と環境
人と環境のかかわり

▶▶▶本冊93ページ

1 (1)イ，ウ，エ　(2)化石燃料

(3)②，③に○

(4)ウ(→)ア(→)イ(→)エ

ポイント

(1) ア…太陽の光を使った発電では，二酸化炭素は発生しません。
オ…植物は，太陽の光が当たると，二酸化炭素をとり入れて酸素を出します。そのため，植物をたくさん育てれば，空気中の二酸化炭素の量は減ると考えられます。

(2) 石油や石炭などの，大昔の生き物からできた燃料を，化石燃料といいます。

(3) 地球の温暖化が進むと，地球の平均気温が上がり，北極や南極の氷がとけてしまう可能性があります。

(4) わたしたちが使った水は，川から海へと流れて，海面から蒸発し，水蒸気となります。水蒸気は雨となってふたたび地上にもどってきます。このように，水はじゅんかんしています。

91 人と環境
環境を守るために

▶▶▶本冊94ページ

覚えよう ①燃料　②発光ダイオード
③石油　④二酸化炭素　⑤下水
⑥⑦動物，植物　⑧外来

ポイント

燃料電池自動車は，水素と空気中の酸素を使って発電した電気を使って走る車で，二酸化炭素が発生しません。また，発光ダイオードは，少ない電気で長い時間光るので，化石燃料を使って発電した電気の使用量を減らして，環境におよぼすえいきょうを少なくします。

92 人と環境
環境を守るために

▶▶▶本冊95ページ

1 (1)燃料電池自動車　(2)二酸化炭素

(3)イ　(4)下水処理場　(5)国立公園

(6)①×　②○　③×

ポイント

(1)(2) 燃料電池自動車は，化石燃料を使わず，発電しながら走るため，二酸化炭素を出しません。このため，環境にやさしい乗り物として注目されています。

(3) アは風の力，ウは太陽の光を使って発電する方法なので，空気中の二酸化炭素をふやすことはありません。イの火力発電は，石油などの化石燃料を大量に燃やして発電するので，多くの二酸化炭素が発生します。

(6) あれた森林などの環境を守るときは，もともとそこに生えていた種類の植物を植えて育てます。もともと生えていなかった新しい種類の植物を植えると，まわりに生えている植物と共存できず，環境をこわしてしまう可能性があります。

93 人と環境のまとめ

▶▶▶本冊96ページ

1 (1)(地球の平均)気温(が)高(くなること。)

(2)イ

2 ア，エ，カ，キ，ケ

ポイント

1 地球の温暖化とは，地球の平均気温が高くなる現象です。この現象の原因のひとつと考えられているのは，石油や石炭などの化石燃料を大量に消費することで発生する二酸化炭素です。

2 できるだけ電気を使わない，ごみの量を減らす，排水として出ていく水をきれいにするなど，環境を守るためにわたしたちひとりひとりにできることはたくさんあります。ふだんから意識して行動するようにしましょう。